普通高等教育“十三五”规划教材

物理性污染控制实验

张 庆 张立浩 编

北 京
冶 金 工 业 出 版 社
2020

内 容 提 要

本书内容包括基础知识、实验和典型案例。其中基础知识部分涉及噪声、光照强度、环境电磁辐射、放射性检测、热污染、手传振动等内容；实验部分涉及噪声测定实验、手传振动测定实验、放射性检测、射频电磁辐射测量、室内照明测量、城市交通噪声测量、车间噪声监测实验等内容；典型案例部分涉及实际环境监测报告中的物理性污染等内容。

本书可作为高等院校环境工程与科学、给排水科学与工程等专业的本科生和研究生实验教学用书，也可供有关工程技术人员参考。

图书在版编目(CIP)数据

物理性污染控制实验/张庆，张立浩编．—北京：冶金工业出版社，2020.12

普通高等教育“十三五”规划教材

ISBN 978-7-5024-8650-1

Ⅰ.①物… Ⅱ.①张… Ⅲ.①环境物理学—实验—高等学校—教材 Ⅳ.①X12-33

中国版本图书馆CIP数据核字(2020)第242728号

出 版 人 苏长永
地　　址 北京市东城区嵩祝院北巷39号 邮编 100009 电话 (010)64027926
网　　址 www.cnmip.com.cn 电子信箱 yjcbs@cnmip.com.cn
责任编辑 杜婷婷 美术编辑 郑小利 版式设计 禹 蕊
责任校对 梁江凤 责任印制 李玉山
ISBN 978-7-5024-8650-1
冶金工业出版社出版发行；各地新华书店经销；三河市双峰印刷装订有限公司印刷
2020年12月第1版，2020年12月第1次印刷
169mm×239mm；6.25印张；119千字；90页
29.00元

冶金工业出版社 投稿电话 (010)64027932 投稿信箱 tougao@cnmip.com.cn
冶金工业出版社营销中心 电话 (010)64044283 传真 (010)64027893
冶金工业出版社天猫旗舰店 yjgycbs.tmall.com
(本书如有印装质量问题，本社营销中心负责退换)

前　　言

近年来，我国经济飞速发展，随之而来的环境问题日益严峻。除了常见的大气、水体、土壤、固体废物四大污染外，很多物理性污染却不易被人们察觉，但是其危害不容小觑。因此，除了传统的噪声污染和电磁辐射外，光污染、热污染和放射性污染也逐步纳入环境监控领域。编者以多年实践教学经验为基础，结合地方高校物理性污染控制实验课程的特点，编写了本书。

在环境监测实践中，物理性污染监测和实验尤为重要，几乎所有的企事业单位都会产生物理性污染，由此引发的环境问题也日渐引起大众、媒体及相关部门的重视。本书增加了典型案例章节，有利于学生理解所学知识的应用价值，对今后工作和实践具有一定的指导作用。

本书主要章节由张庆编写，部分图表由张立浩提供。全书由黄丽丽校核。

由于编者水平所限，书中疏漏及不妥之处，恳请读者批评指正。

编　者

2020 年 8 月于桂林

目　　录

基础知识

1.1 噪　　声

噪声是一类引起人烦躁或音量过强而危害人体健康的声音。从环境保护的角度，凡是妨碍人们正常休息、学习和工作的声音，以及对人们要听的声音产生干扰的声音，都属于噪声。从物理学的角度，噪声是发声体做无规则振动时发出的声音。常见的噪声相关标志如图 1-1 所示。

图 1-1　交通道路禁止鸣笛和噪声标志

从总体上讲，噪声由物体的振动产生。

1.1.1　噪声分类

噪声按照产生原因分类，主要是振动产生（包括转动机械、冲击、共振和摩擦等）、流动产生、环境噪声、燃烧产生以及其他原因产生 5 种。

1.1.1.1　振动产生

（1）转动机械：许多机械设备的本身或某一部分零件是旋转式的，常因组装的损耗或轴承的缺陷而产生异常的振动，进而产生噪声。

（2）冲击：当物体发生冲击时，大量的动能在短时间内要转成振动或噪声的能量，而且频率分布范围非常广，例如冲床、压床、锻造设备等，都会产生此类噪声。

（3）共振：每个系统都有其自然频率，如果激振的频率范围与自然频率有所重叠，将会产生大振幅的振动噪声，例如引擎、马达等。

（4）摩擦：此类噪声由于接触面与附着面间的滑移现象而产生声响，常见的设备有切削、研磨等。

1.1.1.2　流动产生

流动所产生的气动噪声，乱流、喷射流、气蚀、气切、涡流等现象。当空气以高速流经过导管或金属表面时，一般空气在导管中流动碰到阻碍产生乱流或大而急速的压力改变均会有噪声的产生。

1.1.1.3　环境噪声

一般环境噪声大多来自随机的噪声源，例如急驰而过的飞机、车辆的鸣笛、人们的喧闹以及周围各式各样的噪声来源。

1.1.1.4　燃烧产生

在燃烧过程中可能发生爆炸、排气以及燃烧时上升气流影响周围空气的扰动，这些现象均会伴随噪声的产生。例如引擎、锅炉、熔炼炉、涡轮机等这一类燃烧设备均会产生这一类噪声。

1.1.1.5　其他原因产生

在日常生活中，诸如室内各项家庭用具均会发生声音，如冷气机、音响、抽油烟机、电视、空调设备，均为噪声源；另外，如学校、商场、公园、体育场等公共场所亦可视为噪声产生的场所。

1.1.2　噪声源分类及特点

噪声污染按声源的机械特点可分为气体扰动产生的噪声、固体振动产生的噪声、液体撞击产生的噪声以及电磁作用产生的电磁噪声。噪声按声音的频率可分为小于400Hz的低频噪声、400~1000Hz的中频噪声及大于1000Hz的高频噪声。噪声按时间变化的属性可分为稳态噪声、非稳态噪声、起伏噪声、间歇噪声以及脉冲噪声等。

按照发生场所分类，可以分为交通噪声、职业噪声（工作场所噪声）、建筑噪声和其他噪声。

1.1.2.1 交通噪声

交通运输工具行驶过程中产生的噪声属于交通噪声。具有两个特点：

（1）存在十分广泛。汽车噪声是城市噪声的主要来源；空中交通的迅速发展，提高了机场临近区域的噪声水平。

（2）通常音量都很大。机场附近的噪声声强大约在75~95dB之间。

1.1.2.2 职业噪声

工作场所中的噪声是第二个主要的来源。职业噪声的一个特点是其都为宽带噪声，特别是办公室里的噪声，它是由各种不同频率的声音组合而成的；另一个特点是具有广泛性，并且音量都很大。

1.1.2.3 建筑噪声

香港环保署在1986年成立时，建筑噪声是面临的主要问题。当时，市区建筑地盘的打桩机每天12h运作，每12位市民便有1位受到打桩噪声影响。香港特别行政区政府于1989年起实施《噪声管制条例》，其后逐渐加强建筑噪声管制。规定已建区的建筑工地每日只可进行3~5h打桩工程，而且必须采用低噪声打桩设备，其他嘈杂建筑工序则受管制。尽管如此，日间建筑噪声的问题仍未彻底解决。人们正探究问题症结，并鼓励建造业成员自律守法，改变他们把罚款纳入经营成本的错误观念。

1.1.2.4 其他噪声

工商业场所如食肆等的通风系统经常产生扰人声浪。这类噪声和邻里噪声、防盗警钟、新登记车辆噪声均受《噪声管制条例》监管，后者的噪声水平必须达到欧洲及日本的标准。

1.1.3 噪声分级

分贝（dB）有很多概念，一般是形容声音大小的物理量。听力损失以纯音测听250Hz、500Hz、1000Hz的气导平均听力计算，正常人的听力范围在20~20000Hz之间。

1.1.3.1 世界卫生组织耳聋分级标准

（1）26~40dB：轻度聋；

（2）41~55dB：中度聋；

（3）56~70dB：中重度聋；

（4）71~90dB：重度聋。

1.1.3.2 音量等级（类比）

（1）190dB，导致死亡；
（2）150dB，火箭、导弹发射的声音；
（3）140dB，欧盟界定的导致听力完全损害的最高临界点；
（4）140dB，喷气式飞机起飞的声音；
（5）139dB，世界杯球迷的呐喊声；
（6）130dB，螺旋桨飞机起飞、摇滚音乐会的声音；
（7）120dB，在这种环境下待超过一分钟即会产生暂时性耳聋；
（8）120dB，球磨机工作的声音；
（9）110dB，电锯工作的声音；
（10）105dB，永久损害听觉；
（11）100dB，气压钻机声音、压缩铁锤捶打重物的声音；
（12）100dB，拖拉机开动的声音；
（13）90dB，嘈杂酒吧环境、电动锯锯木头的声音；
（14）90dB，嘈杂的办公室、高速公路上的声音；
（15）85dB 及以下，不会破坏耳蜗内的毛细胞；
（16）80dB，街道环境、一般车辆行驶的声音；
（17）75dB，人体耳朵舒适度上限；
（18）70dB，大声说话的声音；
（19）60dB，正常交谈的声音；
（20）50dB，办公室的声音；
（21）40dB，图书馆阅览室的声音；
（22）30dB，卧室的声音；
（23）20dB，窃窃私语的声音；
（24）10dB，风吹落叶的沙沙声；
（25）0dB，刚刚引起听觉的声音。

1.1.3.3 普通人的听觉

（1）-254dB，宇宙音量，绝对无声；
（2）0~20dB，很静、几乎感觉不到；
（3）20~40dB，安静、犹如轻声絮语；
（4）40~60dB，一般、普通室内谈话；
（5）60~70dB，吵闹、有损神经；

（6）70~90dB，很吵、神经细胞受到破坏；
（7）90~100dB，吵闹加剧、听力受损；
（8）100~120dB，难以忍受、待一分钟即暂时致聋；
（9）120dB 以上，极度聋或全聋。

1.1.4 噪声污染

随着近代工业的发展，噪声污染日益严重，已经成为对人类的一大危害。噪声污染、水污染、大气污染被看成是世界范围内的 3 个主要环境问题。

噪声是发生体做无规则时发出的声音。声音由物体振动引起，以波的形式在一定的介质（如固体、液体、气体）中进行传播。通常听到的声音为空气声。一般情况下，人耳可听到的声波频率为 20~20000Hz 的称为可听波；低于 20Hz 的称为次声波；高于 20000Hz 的称为超声波。所听到声音的音调高低取决于声波的频率，高频声听起来冰凉，纤细，而低频声给人的感觉较为雄壮，澎湃。而声音的大小是由声音的强弱决定的。从物理学的观点来看，噪声是由各种不同频率、不同强度的声音杂乱、无规律的组合而成，乐音则是和谐的声音。

判断一个声音是否属于噪声，仅从物理学角度判断是不够的，主观上的因素往往起着决定性的作用。例如，美妙的音乐对正在欣赏音乐的人来说是乐音，但对于正在学习、休息或集中精力思考问题的人可能是一种噪声。即使同一种声音，当人处于不同状态、不同心情时，对声音也会产生不同的主观判断，此时声音可能成为噪声或乐音。因此，从环境保护的角度来讲，凡是干扰人们休息、学习和工作的声音，即不需要的声音，统称为噪声。当噪声对人及周围环境造成不良影响时，就形成噪声污染。

1.1.4.1 健康影响

一般噪声声强超过 50dB，就对人类日常工作生活产生有害影响。具体危害如下。

A 听力损伤

噪声伤害耳朵感声器官（耳蜗）的感觉发细胞（sensory hair cells），一旦感觉发细胞受到伤害，则永远不会恢复。感觉高频率的感觉发细胞最容易受到噪声的伤害，此时一般人听力已经受噪声伤害了，如果没有做听力检验却往往不自知，到听力丧失到无法与人沟通时才发现却为时已晚。早期听力的丧失以 4000Hz 最容易发生，且双侧对称（4Kdip）。病患以无法听到轻柔（响度低）高频率的声音为主。这种损伤一般是突然暴露在非常强烈的声音下如枪声，爆竹声等发生的。此外，听力的丧失也是渐进性的。

B 视力损伤

研究表明，当噪声为90dB时，人们视网膜中视杆细胞区别光亮度的敏感性开始下降，识别弱光的反应时间延长；达到95dB时，瞳孔会扩大；达到115dB时，眼睛对光亮度的适应性会降低。

此外，长期接触噪声的人，最易发生眼疲劳、眼痛、视物不清和流泪等现象。

1.1.4.2 睡眠影响

有高达28%的人认为噪声影响睡眠，但长久影响下是否对健康有伤害，尚待进一步的探讨。

1.1.4.3 心理影响

在高强度的噪声下，一般人都有焦躁不安的症状，容易激动的情形。有人研究发现噪声越强的工作场所，意外事件越多，生产力越低，然而此项结果仍有争论。

1.1.5 防治管理

为了防止噪声，我国著名声学家马大猷教授曾总结和研究了国内外现有各类噪声的危害和标准，提出了3条建议：

(1) 为了保护人们的听力和身体健康，噪声的允许值在75~90dB。

(2) 保障交谈和通讯联络中环境噪声的允许值在25~50dB。

(3) 对于睡眠时间，建议噪声强度在35~50dB。

我国心理学界认为，控制噪声环境，除了考虑人的因素之外，还须兼顾经济和技术上的可行性。充分的噪声控制，必须考虑噪声源、传音途径、受音者所组成的整个系统。控制噪声的措施可以针对上述3个部分或其中任何一个部分。

(1) 在声源处减弱噪声。

(2) 在传播途径中减弱噪声。

(3) 在人耳处减弱噪声。

所以针对性的措施有以下几个方面：

(1) 降低声源噪声，工业、交通运输业可以选用低噪声的生产设备和改进生产工艺，或者改变噪声源的运动方式（如用阻尼、隔振等措施降低固体发声体的振动）。

(2) 在传音途径上降低噪声，控制噪声的传播，改变声源已经发出的噪声传播途径，如采用吸音、隔音、音屏障、隔振等措施，以及合理规划城市和建筑布局等。

(3) 受音者或受音器官的噪声防护。在声源和传播途径上无法采取措施，或采取的声学措施仍不能达到预期效果时，就需要对受音者或受音器官采取防护措施，如长期处于职业性噪声暴露下的工人可以戴隔音耳塞、耳罩或头盔等护耳器。

目前，针对噪声污染严重的企事业单位，有以下几个防治办法：

(1) 营造隔音林；

(2) 将噪声污染严重的企业搬离市区；

(3) 源头处预防，传播过程消减。

噪声控制在技术上虽然已经成熟，但由于现代工业、交通运输业规模很大，要采取噪声控制的企业和场所为数甚多，因此在防止噪声问题上，必须从技术、经济和效果等方面进行综合权衡。国内已经有噪声治理先进技术的企业及事业单位如清华大学建筑物理实验室等，在噪声治理与振动控制行业领域做出了比较突出贡献。当然，具体问题应当具体分析。在控制室外、设计室、车间或职工长期工作的地方，噪声的强度要低；库房或少有人去的车间或空旷地方，噪声稍高一些也是可以的。总之，对待不同时间、不同地点、不同性质与不同持续时间的噪声，应有一定的区别。

1.2 光照强度

光照强度是一种物理术语，指单位面积上所接受可见光的光通量，简称照度，单位勒克斯（lx）。它是用于指示光照的强弱和物体表面积被照明程度的量，光照强度对生物的光合作用影响很大，可通过照度计来测量。光照强度过大或高大建筑外墙玻璃会引起光污染，城市常见光污染如图1-2所示。

图1-2 高大建筑外墙玻璃引起的光污染

一个被光线照射的表面上的照度（illumination/illuminance）定义为照射在单位面积上的光通量。

设面元 dS 上的光通量为 $d\Phi$，则此面元上的照度 E 为：$E=d\Phi/dS$。

$1lx=1lm \cdot m^{-2}$。也就是说被光均匀照射的物体，在 $1m^2$ 面积上所得的光通量是1lm时，它的照度是1lx。lm是 Φ 的单位。

发光强度为1烛光的点光源，在单位立体角（1Sr）内发出的光通量为1lm。烛光（Candela），音译“坎德拉”。烛光的概念最早是英国人发明的，它是发光强度（Luminous intensity）的单位。

当时英国人以1lb的白蜡制造出1尺长的蜡烛所燃放出来的光来定义烛光单位。而如今的定义已有了变化：以 $1cm^3$ 的黑色发光体加热，一直到该发光体将熔为液体时，所发出的光量的1/60就是标准光源，而烛光就是这种标准光源所放射出来的光量单位。

（1）自然光照与人工光照。日光照射即为自然光照，灯光照明即为人工光照。

（2）光照周期与光照时间。自然界一昼夜24h为一个光照周期。有光照的时间为明期，无光照的时间为暗期。自然光照时一般以日照时间计光照时间（明期）；人工光照时，灯光照射的时间即为光照时间。为期 24h 的光照周期为自然光照周期；为期长于或短于 24h 的称为非自然光照周期；如在 24h 内只有一个明期和一个暗期的称为单期光照；如在 24h 内出现两个或两个以上的明期或暗期，即为间歇光照。一个光照周期内明期的总和即为光照时间。

（3）发光强度。光源在某一方向立体角内透过光通量的大小。单位：坎德拉（Candela，Cd）。

（4）光通量。光源单位时间内所辐射的光能叫光源的光通量，其单位是流明（lm），各点都与 1 烛光光源相距 1ft 的 $1ft^2$ 面积上的光量为 1lm。

（5）相关定义。照度是物体被照明的程度。即物体表面所得到的光通量与被照面积之比，单位是勒克斯 lx（1lx 是 1lm 的光通量均匀照射在 $1m^2$ 面积上所产生的照度）或英尺烛光 fc（1fc 是 1lm 的光通量均匀照射在 $1ft^2$ 面积上所产生的照度），1fc = 10.76lx。

夏季在阳光直接照射下，光照强度可达 6 万～10 万 lx，没有太阳的室外为 0.1 万～1 万 lx，夏天明朗的室内为 100～550lx，夜间满月下为 0.2lx。

白炽灯每瓦大约可发出 12.56lx 的光，但数值随灯泡大小而异，小灯泡能发出较多的流明，大灯泡较少。荧光灯的发光效率是白炽灯的 3～4 倍，寿命是白炽灯的 9 倍，但价格较高。一个不加灯罩的白炽灯泡所发出的光线中，约有 30%的流明被墙壁、顶棚、设备等吸收；灯泡的质量差与阴暗又要减少许多流明，所以大约只有 50%的流明可利用。一般在有灯罩、灯高度为 2.0～2.4m（灯泡间距离为高度的 1.5 倍）时，每 $0.37m^2$ 面积上需 1W 灯泡、或 $1m^2$ 面积上需 2.7W 灯泡提供 10.76lx 光通量。灯泡安装的高度及有无灯罩对光照强度影响很大。

平均照度（E_{av}）= 光源总光通量（$N\Phi$）×利用系数（CU）×维护系数（MF）/区域面积（m^2）（适用于室内或体育场的照明计算）。

利用系数：一般室内取 0.4，体育场取 0.3。

维护系数：一般取 0.7～0.8。

举例 1-1：室内照明：4m×5m 房间，使用 3×36W 隔栅灯 9 套。

平均照度 = 光源总光通量×CU×MF/面积 = (2500×3×9)×0.4×0.8÷4÷5
= 1080lx

结论：平均照度 1000lx 以上。

举例 1-2：体育馆照明：20m×40m 场地，使用 POWRSPOT 1000W 金卤灯 60 套。

平均照度 = 光源总光通量×CU×MF/面积 = (105000×60)×0.3×0.8÷20÷40
= 1890lx

结论：平均水平照度 1500lx 以上。

举例 1-3：某办公室平均照度设计案例，设计条件：办公室长 18.2m，宽 10.8m，顶棚高 2.8m，桌面高 0.85m，利用系数 0.4，维护系数 0.8，灯具数量 33 套，求办公室内平均照度是多少？灯具解决方案：灯具采用 DiNiT 2×55W 防眩日光灯具，光通量 3000lm，色温 3000K，显色性 *R*a90 以上。

根据公式可求得

$$E_{av} = (33 \times 6000 \times 0.4 \times 0.8) \div (18.2 \times 10.8)$$
$$= 63360.00 \div 196.56$$
$$= 322.34\text{lx}$$

备注：照明设计必须要求准确的利用系数，否则会有很大的偏差。影响利用系数的大小，主要有以下几个因素：灯具的配光曲线，灯具的光输出比例，室内的反射率，如天花板、墙壁、工作桌面等，室内指数大小。

作业面或参考平面上的维持平均照度规定表面上的平均照度不得低于此数值。它是照明装置在规定表面上的平均照度，是为确保工作时视觉安全和视觉功效所需要的照度。

照度标准值按 0.5、1、2、3、5、10、15、20、30、50、75、100、150、200、300、500、750、1000、1500、2000、3000、5000lx 分级。照度标准值分级，是以在主观效果上明显感觉到照度的最小变化为基准的，如果感觉到最小变化则照度差大约为 1.5 倍，该分级与 CIE 国际发光照明委员会标准《室内工作场所照明》S008/E—2001 的分级大体一致。

中华人民共和国国家标准《建筑照明设计标准》GB 50034—2013 规定了新建、改建和扩建的居住、公共和工业建筑的一般照度标准值，见表 1-1。

表 1-1 照度标准值

房间（场所）	参考平面及其高度	照度标准值/lx
居住建筑起居室（一般活动）	0.75m 水平面	100
居住建筑起居室（书写阅读）	0.75m 水平面	300，宜用混合照明
居住建筑餐厅	0.75m 餐桌面	150
图书馆一般阅览室	0.75m 水平面	300
办公建筑普通办公室	0.75m 水平面	300
一般超市营业厅	0.75m 水平面	300
医院候诊室、挂号厅	0.75m 水平面	200
学校教室	课桌面	300
学校教室黑板	黑板面	500
公用场所普通走廊、流动区域	地面	50
公用场所自动扶梯	地面	50

续表 1-1

房间（场所）	参考平面及其高度	照度标准值/lx
工业建筑机械加工粗加工	0.75m 水平面	200
工业建筑机械加工一般加工公差≥0.1mm	0.75m 水平面	300，应另加局部照明
工业建筑机械加工精密加工公差<0.1mm	0.75m 水平面	500，应另加局部照明

符合下列条件之一及以上时，作业面或参考平面的照度，可按照度标准值分级提高一级。

（1）视觉要求高的精细作业场所，眼睛至识别对象的距离大于 500mm 时；
（2）连续长时间紧张的视觉作业，对视觉器官有不良影响时；
（3）识别移动对象，要求识别时间短而辨认困难时；
（4）视觉作业对操作安全有重要影响时；
（5）识别对象亮度对比小于 0.3 时；
（6）作业精度要求较高，且产生差错会造成很大损失时；
（7）视觉能力低于正常能力时；
（8）建筑等级和功能要求高时。

符合下列条件之一及以上时，作业面或参考平面的照度，则可按照度标准值分级降低一级。

（1）进行很短时间的作业时；
（2）作业精度或速度无关紧要时；
（3）建筑等级和功能要求较低时。

在一般情况下，设计照度值与照度标准值相比较，可有－10%～＋10%的偏差。

照度仪是用来测量光线强弱等级的专用设备。在某些特定的环境对光的照度是有严格要求的，如人工对药品的检验就对光的照度有严格的要求。其相关原理是用锗光电池作探头，由于光的强度不同光电池产生的电流就不同，把这个电流进行直流放大，再经过数模转换电路把直流信号变成直接反应光照强弱的数字信号显示出来。

1.3 环境电磁辐射

电磁辐射是由同向振荡且互相垂直的电场与磁场在空间中以波的形式传递动量和能量的现象，其传播方向垂直于电场与磁场构成的平面。电场与磁场的交互变化产生电磁波，电磁波向空中发射或传播形成电磁辐射。电磁辐射由空间共同移送的电能量和磁能量所组成，而该能量是由电荷移动所产生。例如，正在发射讯号的射频天线所发出的移动电荷，便会产生电磁能量。有电磁辐射危害的设备装置一般会贴上电磁辐射危害标志，如图 1-3 所示。

图 1-3 电磁辐射危害标志

电磁频谱包括形形色色的电磁辐射，从极低频的电磁辐射至极高频的电磁辐射。两者之间还有无线电波、微波、红外线、可见光和紫外光等。电磁频谱中射频部分的一般定义，是指频率约由 3kHz～300GHz 的辐射。有些电磁辐射对人体有一定的影响。

1.3.1 电磁辐射产生机理

电场和磁场的交互变化产生的电磁波向空中发射或泄露的现象，称为电磁辐射。电磁辐射是一种看不见、摸不着的场。人类生存的地球本身就是一个大磁场，它表面的热辐射和雷电都可产生电磁辐射，太阳及其他星球也从外层空间源源不断地产生电磁辐射。围绕在人类身边的天然磁场、太阳光、家用电器等也都会发出强度不同的辐射。电磁辐射是物质内部原子、分子处于运动状态的一种外在表现形式。

电磁辐射的形式为在真空中或物质中的自传播波。任何一种交流电路都会向周围空间辐射电磁能量，形成有电力和磁力作用的空间，这种电力和磁力同时存在的空间定义为电磁场。若某一空间区域有变化的电场或变化的磁场，则在附近的区域内将产生相应变化的磁场或电场，而这个新产生的变化磁场或电场，又使较远的区域产生变化的电场或磁场，变化的电场与变化的磁场交替产生，又由近及远以一定的速度在空间传播，形成电磁波，电磁场能量以电磁波的形式向外发射的过程即形成电磁辐射。

1.3.2　电磁辐射产生条件

（1）必须存在时变源。时变源可以是时变的电荷源、时变的电流源或时变的电磁场，时变源的频率应足够高，才有可能产生明显的辐射效应。

（2）源电路必须开放。波源电路必须开放，源电路的结构方式对辐射强弱有极大的影响，封闭的电路结构，如谐振腔是不会产生电磁辐射的。

1.3.3　电磁辐射类型

电磁辐射有一个电场和磁场分量的振荡，分别在两个相互垂直的方向传播能量。电磁辐射根据频率或波长分为不同类型，这些类型包括（按序增加频率）：电力，无线电波，微波，太赫兹辐射，红外辐射，可见光，紫外线，X 射线和 γ 射线。其中，无线电波的波长最长，而 γ 射线的波长最短。X 射线和 γ 射线电离能力很强，其他电磁辐射电离能力相对较弱，而更低频的没有电离能力。

电磁辐射所衍生的能量，取决于频率的高低和强度的大小。一般而言，频率越高，强度越大，能量就越大。高频率（短波长）电磁波的光子会比低频率（长波长）电磁波的光子携带更多的能量。一些电磁波的每个光子携带的能量可以大到拥有破坏分子间化学键的能力。频率极高的 X 光和 γ 射线可产生较大的能量，能够破坏构成人体组织的分子。事实上，X 光和 γ 射线的能量之巨，足以令原子和分子电离化，故被列为“电离”辐射。这两种射线虽具医学用途，但照射过量将会损害健康。X 光和 γ 射线所产生的电磁能量，有别于射频发射装置所产生的电磁能量。射频装置的电磁能量属于频谱中频率较低的那一端，光子的能量不足以破坏分子化学键，故被列为“非电离”辐射。组成我们现代生活重要部分的一些电磁场的人造来源，像电力（输变电、家用电器等）、微波（微波炉、微波信号发射塔等）、无线电波（手机移动通信、广播电视发射塔等），在电磁波谱中处于相对长的波长和低的频率一端，它们的光子没有能力破坏化学键。因此，此类电磁波为非电离性电磁场，对人体影响为即时性，类似声波影响，而电离对人体影响为累积性。

电磁辐射分两个级别：工频段辐射和射频电磁波。工频段国家标准电场强度为 $4000V \cdot m^{-1}$，磁感应强度为 0.1mT；射频电磁波的单位是 $\mu W \cdot cm^{-2}$，国家标准限值为 40，对于一般公众环评取值为其 20%。

麦克斯韦在总结电磁感应等实验定律的基础上，引入位移电流假说，概括总结得到了描述电磁运动的一组方程，即麦克斯韦方程组。宏观电磁现象可以用电场强度 $\boldsymbol{E}$、电位移矢量 $\boldsymbol{D}$、磁场强度 $\boldsymbol{H}$ 和磁感应强度 $\boldsymbol{B}$ 4 个矢量来描述，它们都是空间位置和时间的函数。

$$\text{安培环路定律}\ \nabla \times \boldsymbol{H}(r,\ t) = \frac{\partial \boldsymbol{D}(r,\ t)}{\partial t} + \boldsymbol{J}(r,\ t) \tag{1-1}$$

$$\text{法拉第电磁感应定律}\ \nabla \times \boldsymbol{E}(r,\ t) = -\frac{\partial \boldsymbol{B}(r,\ t)}{\partial t} \tag{1-2}$$

$$\text{电场的高斯定律}\ \nabla \cdot \boldsymbol{D}(r,\ t) = \rho(r,\ t) \tag{1-3}$$

$$\text{磁场的高斯定律}\ \nabla \cdot \boldsymbol{B}(r,\ t) = 0 \tag{1-4}$$

式中 $\boldsymbol{E}$——电场强度（Electric Field），$V \cdot m^{-1}$；

$\boldsymbol{H}$——磁场强度（Magnetic Field），$A \cdot m^{-1}$；

$\boldsymbol{D}$——电通密度（Electric Flux Density），$C \cdot m^{-2}$，又称电位移矢量（Electric Displacement）；

$\boldsymbol{B}$——磁通密度（Magnetic Flux Density），$Wb \cdot m^{-2}$、T（特斯拉），又称磁感应强度（Magnetic Inductive）；

ρ——电荷密度（Electric Charge Density），$C \cdot m^{-3}$；

$\boldsymbol{J}$——电流密度（Electric Current Density），$A \cdot m^{-2}$。

电场和磁场的物理性质首先是通过力表现出来的。静止的点电荷受到一定的作用力，产生这个作用力的原因是电场。如果电荷在运动，那么还会额外受到一个作用力，产生这个作用力的原因是磁感应强度。这两种力统称为洛伦兹力，设点电荷电量为 q，其受到的洛仑兹力 F 为

$$F = q(E + v \times B) \tag{1-5}$$

电荷密度为单位体积内的电量，用 ρ 表示。根据电荷守恒定律，在一个封闭的区域内，在封闭面上流出去的电荷等于封闭区域内电荷的减少量，用积分表示为

$$\int \rho v \mathrm{d}S = -\frac{\partial}{\partial t}\int_V \rho \mathrm{d}V \tag{1-6}$$

其中 v 是电荷运动的速度。根据高斯定理，上式可以写成

$$\int_V \nabla \cdot (\rho v)\mathrm{d}V + \frac{\partial}{\partial t}\int_V \rho \mathrm{d}V = 0 \tag{1-7}$$

即

$$\int_V \nabla \cdot (\rho v) + \frac{\partial \rho}{\partial t}\mathrm{d}V = 0 \tag{1-8}$$

上式在任何区域 V 内都成立，因此有

$$\nabla \cdot (\rho v) + \frac{\partial \rho}{\partial t} = 0 \tag{1-9}$$

式（1-9）就是电流连续性方程，形式与流体力学中的质量守恒定律形式完全一致，甚至符号也完全相同。流体力学中 ρ 表示的是流体微团的密度，而电磁学中表示的是电荷密度。电流连续性方程本质上是电荷守恒定律的数学表示。

根据电流密度的定义，得到 $J=\rho v$，则式（1-9）又可以写为

$$\nabla \cdot J(r,\ t) + \frac{\partial \rho(r,\ t)}{\partial t} = 0 \tag{1-10}$$

麦克斯韦方程组描述了电场和磁场的相互作用关系，以及场与源的关系。从静态场到光学频率，所有的电磁场都要满足麦克斯韦方程组。这些方程完整地归纳了电磁场特性，并通常以微分形式来表达。

1.3.4 电磁辐射污染来源

影响人类生活环境的电磁辐射根据其污染源大致可分为两大类：天然电磁辐射污染源和人为电磁辐射污染源。

1.3.4.1 天然电磁污染源

天然的电磁辐射污染主要来自地球的热辐射、太阳热辐射、宇宙射线、雷电等，它是由自然界的某些自然现象所引起的。在天然电磁辐射中，以雷电所产生的电磁辐射最为突出。由于自然界发生某些变化，常常在大气层中引起电荷的电离，电荷发生蓄积，当达到一定程度时就会引起火花放电，火花放电的频率极宽，造成的影响可能也会较大。另外，如火山爆发、地震和太阳黑子活动引起的磁暴等也都会产生电磁干扰。除了对电器设备、飞机、建筑物等直接造成危害外，天然的电磁辐射对短波通信的干扰特别严重，这也是电磁辐射污染的危害之一。

1.3.4.2 人为电磁污染源

人为电磁辐射污染源主要产生于人工制造的若干系统，如电子设备、电气装置等。人为电磁场源按频率的不同又可分为工频场源和射频场源。工频场源频率从数十到数百赫兹不等，主要以大功率输电线路所产生的电磁污染为主，同时也包括了若干种放电型场源。射频电磁辐射频率为 100kHz～300GHz，主要是由无线电广播、电视、微波通信等各种射频设备在工作过程中所产生的电磁感应与电磁辐射，它的频率范围宽广，影响区域也较大，能危害近场区的工作人员。目前，射频电磁辐射已经成为电磁污染环境的主要因素。

目前而言，环境中的电磁辐射主要来源于人为的电磁辐射污染源，天然电磁

辐射污染源相比之下几乎可以忽略。

1.3.4.3　家用电器辐射

如今电器已经成为了我们家庭生活中不可或缺的一部分，不过与此同时，家用电器带来的电磁辐射对人体健康的影响也成为了大家关注的问题。其实，大多数人对家电辐射产生恐惧是因为对它缺乏了解。

家用电器电磁辐射分为工频辐射和射频辐射。工频指的是工业和民用的交流电源频率，当电流通过电器时，会有磁场产生，磁感应强度随着电流强度增大而增大，家里的电吹风、电磁炉、电视机、电冰箱等产生的就是这种工频辐射，通常对人体影响较小。射频则是可以辐射到空间的中高频电磁波，频率范围在100kHz~300GHz之间，电脑、手机、路由器、微波炉等电器就会主动向外侧空间发射电磁波，形成辐射。

虽然家电的电磁辐射低于安全标准，但是电磁辐射也不是多多益善，所以，如果能有一些方法帮助我们在使用家电时进一步减少电磁辐射，那当然是极好的。建议通过以下方式减少电器辐射的影响：

（1）选择有3C质量认证的电器。

（2）严格遵照说明书使用电器。

（3）尽量少直接接触辐射源。

（4）尽量减少使用时间，使用时保持一定安全距离。

人与彩电的距离应在4~5m；与日光灯管距离应在2~3m；开关冰箱门时最好距离半米远；使用微波炉时，按完启动键后先离开，等它结束运转后再来取食物；而使用吹风机时，最好与其保持5cm的距离；和电磁炉保持40cm以上的距离。

1.3.5　电磁辐射相关危害

1.3.5.1　人体危害

A　热效应

人体的70%以上都是水，水分子内部的正负电荷中心不重合，是一种极性分子，而这种极性的水分子在接受电磁辐射后，会随着电磁场极性的变化做快速重新排列，从而导致分子间剧烈撞击、摩擦而产生巨大的热量，使机体升温。当电磁辐射的强度超过定限度时，将使人体体温或局部组织温度急剧升高，破坏热平衡而有害人体健康。随着电磁辐射强度的不断提高，呈现出对人体的不良影响也逐渐突出。

B 非热效应

人体的器官和组织都存在微弱的电磁场，它们是稳定和有序的，一旦受到外界低频电磁辐射的长期影响，处于平衡状态的微弱电磁场即会遭到破坏。低频电磁辐射作用于人体后，体温并不会明显提高，但会干扰人体的固有微弱电磁场，使血液、淋巴和细胞原生质发生改变，造成细胞内的脱氧核糖核酸受损和遗传基因发生突变，进而诱发白血病和肿瘤，还会引起胚胎染色体改变，并导致婴儿的畸形或孕妇的自然流产。

C 累积效应

热效应和非热效应作用于人体后，对人体的伤害尚未来得及自我修复之前(通常所说的人体承受力——内抗力)，再次受到电磁辐射的话，其伤害程度就会发生累积，久之会成为永久性病态，甚至有可能危及生命。对于长期接触电磁辐射的群体，即使受到的电磁辐射强度较小，但是由于接触的时间很长，也可能会诱发各种病变，应引起警惕。

1.3.5.2 其他危害

A 影响通信信号

当飞机在空中飞行时，如果通信和导航系统受到电磁干扰，就会同基地失去联系，可能造成飞行事故；当舰船上使用的通信、导航或遇险呼救频率受到电磁干扰，就会影响航海安全；有的电磁波还会对有线电设施产生干扰而引起铁路信号的失误动作、交通指挥灯的失控、电脑的差错和自动化工厂操作的失灵等。

B 破坏建筑物和电气设备

在高压线网、电视发射台、转播台等附近的家庭，不仅电视信号被严重干扰，而且居民因常受电磁辐射而可能感到身体不适。

C 影响植物的生存

在长期存在电磁辐射的区域，如微波发射站所面向的山坡，有可能会造成植物的大面积死亡。

D 泄露计算机秘密

电脑的电磁辐射会把电脑中的信息带出去。虽然电脑的生产厂家为防止外泄的电磁辐射干扰其他电子设备，为电脑制订了电磁辐射的限制标准，但外泄的电磁辐射仍具有不容忽视的强度，如电脑显示器的阴极射线管辐射出的电磁波，其频率一般在6.5MHz以下。对这种电磁波，在有效距离内，可用普通电视机或相同型号的电脑直接接收。接收或解读电脑辐射的电磁波，现在已成为国外情报部门的一项常用窃密技术，并已达到较高水平。据国外试验，在1000m以外能接收和还原电脑显示终端的信息，而且看得很清晰。

1.3.6 电磁辐射预防措施

1.3.6.1 公众防护

WHO国际癌症研究机构（IARC）及WHO专题工作组经评估认为，极低频（0~100kHz）磁场与儿童白血病及脑癌有关，当工频（50/60Hz）磁场暴露强度超过0.3μT或0.4μT时，儿童白血病的患病风险增加2倍。据WHO统计显示约1%~4%的儿童长期暴露于强度大于0.3μT的工频磁场环境。WHO在其新出版（2007）的“环境健康标准极低频电磁场专论”中强调，尽管低强度环境电磁辐射下生物学效应机制尚未阐明，但不能排除低强度环境电磁辐射能够产生有害的健康影响。同时由于电磁辐射无所不在，几乎世界上的每个人都暴露于电磁辐射中，即便其对人类健康影响十分轻微，也将会对人类的公共卫生产生巨大的冲击；如果其中某种健康影响是不可逆的（如肿瘤），那么其所造成的经济健康损失必将是沉重的。

WHO“环境健康标准极低频电磁场专论”认为应当采取适当措施防止极低频电场和磁场对公众产生已知的健康危害，鉴于电磁辐射对健康影响研究存在一定的科学不确定性，WHO认为各国在制订电磁辐射预防策略时应当综合考虑电力行业对社会和经济的巨大贡献，应当采用低成本的预防措施，而不应当主观臆断的将暴露限值降低到不符合科学规律的程度。

WHO（2007）建议如下：

（1）各国决策者应当为公众及职业暴露人群制订极低频电场和磁场暴露指南；国际暴露指南是最好的暴露指南。

（2）决策者应当制订极低频电磁场防护规划，对各种发射源的电磁辐射进行检测，从而确保公众及职业暴露人群的暴露水平不超过暴露限值。

（3）在不影响健康效益、社会效益及电力行业的经济利益前提下，采取低成本措施合情合理的预防极低频电场和磁场暴露。

（4）决策者、社区规划者及生产商在新建电力设施及设计新型电力设备（包括电器在内）时，应当采取低成本措施预防极低频电场和磁场暴露。

（5）如果能产生其他额外的效益（如增加安全性）、或不需要增加成本或成本很低时，可以考虑改变现有工艺以降低设备或设施的极低频电磁场暴露水平。

（6）在考虑改变现有的极低频电磁场发射源时，应当对安全性、可靠性和经济效益进行综合考虑。

(7) 地方政府应当加强网线管理，在新建电力设施或对现有的电力设施进行线路改造时，应当减少非故意地面电流，确保安全；以前瞻性措施防范违反网线管理规定行为或判断现存的网线管理问题是代价昂贵的，可能也是不合理的。

(8) 国家管理部门应当采用有效的、互动交流的公开策略使所有业主参与形成明智的决策，这一策略应当包括如何减少各业主自身暴露水平的内容。

(9) 地方政府应当改善极低频电磁场发射设施的规划，在为大型极低频电磁场发射源选址时应当由企业、地方政府和公众进行良好的协商。

(10) 政府和企业都应当促进电磁辐射研究，减少极低频电磁场暴露对健康影响的科学不确定性。

1.3.6.2 日常防护

关于电磁污染标准的学界争论还在继续，但我们还需在各种电磁辐射环境中工作与生活，作为世界上平凡而弱小生命的一员，人们又该如何预防并减轻电磁辐射对自身的伤害呢?

不要把家用电器摆放得过于集中，或经常一起使用，以免使自己暴露在超剂量辐射的危害之中。特别是电视、电脑、冰箱等电器更不宜集中摆放在卧室里。

各种家用电器、办公设备、移动电话等都应尽量避免长时间操作。如电视、电脑等电器需要较长时间使用时，应注意至少每1小时离开一次，采用眺望远方或闭上眼睛的方式，以减少眼睛的疲劳程度和所受辐射影响。

当电器暂停使用时，最好不要让它们处于待机状态，因为此时可产生较微弱的电磁场，长时间也会产生辐射积累。

对各种电器的使用，应保持一定的安全距离。如眼睛离电视荧光屏的距离，一般为荧光屏宽度的5倍左右；微波炉在开启之后要离开至少1m远，孕妇和小孩应尽量远离微波炉；手机在使用时，应尽量使头部与手机天线的距离远一些，最好使用分离耳机和话筒接听电话。

男性生殖细胞和精子对电磁辐射更为敏感。因此，男性应尽量减少与电磁波太频繁密集的接触，而且接触时也要保持安全距离，一般是半米以上。

消费者如果长期处于超剂量电磁辐射环境中，应注意采取以下自我保护措施:

(1) 居住、工作在高压线、变电站、电台、电视台、雷达站、电磁波发射塔附近的人员，佩戴心脏起搏器的患者，经常使用电子仪器、医疗设备、办公自动化设备的人员，以及生活在现代电器自动化环境中的人群，特别是抵抗力较弱的孕妇、儿童、老人及病患者，有条件的应配备隔离电磁辐射的装备，将电磁辐射最大限度地阻挡在身体之外。

(2) 电视、电脑等有显示屏的电器设备可安装电磁辐射保护屏，使用者还可佩戴防辐射眼镜，以防止屏幕辐射出的电磁波直接作用于人体。

（3）手机接通瞬间释放的电磁辐射最大，为此最好把手机拿远一点，等手机接通之后再拿近听，或者佩戴防辐射耳机接打电话。

（4）电视、电脑等电器的屏幕产生的辐射会导致人体皮肤干燥缺水，加速皮肤老化，严重的会导致皮肤癌，所以在使用完上述电器后及时洗脸。

（5）多食用一些胡萝卜、豆芽、西红柿、油菜、海带、卷心菜、瘦肉、动物肝脏等富含维生素 A、维生素 C 和蛋白质的食物，以利于调节人体电磁场紊乱状态，加强肌体抵抗电磁辐射的能力。

没有任何人能证明电波和电场无害，同样也没有任何人能证明其有害。20多年来，这方面的研究一直在进行之中，而且说法自相矛盾。

为控制电场、磁场、电磁场所致公众暴露，环境中电场、磁场、电磁场场量参数的方均根值应满足表 1-2 要求。

表 1-2　公众环境电磁辐射控制限值

频率范围	电场强度 /$V \cdot m^{-1}$	磁场强度 /$A \cdot m^{-1}$	磁感应强度 /μT	等效平面波功率密度 Seq/$W \cdot m^{-2}$
1~8Hz	8000	32000	40000	—
8~25Hz	8000	4000	5000	—
0.025~1.2kHz	$200/f$	$4/f$	$5/f$	—
1.2~2.9kHz	$200/f$	3.3	4.1	—
2.9~57kHz	70	$10/f$	$12/f$	—
57~100kHz	$4000/f$	$10/f$	$12/f$	—
0.1~3MHz	40	0.1	0.12	4
3~30MHz	$67f^{1/2}$	$0.17/f^{1/2}$	$0.21/f^{1/2}$	$12/f$
30~3000MHz	12	0.032	0.04	0.4
3000~15000MHz	$0.22f^{1/2}$	$0.00059f^{1/2}$	$0.00074f^{1/2}$	$f/7500$
15~300GHz	27	0.073	0.092	2

注：1. 频率 f 的单位为所在行中第一栏的单位。电场强度限值与频率变化关系如图 1-4 所示，磁感应强度限值与频率变化关系如图 1-5 所示。

2. 0.1MHz~300GHz 频率，场量参数是任意连续 6min 内的方均根值。

3. 100kHz 以下频率，需同时限制电场强度和磁感应强度；100kHz 以上频率，在远场区，可以只限制电场强度或磁场强度，或等效平面波功率密度，在近场区，需同时限制电场强度和磁场强度。

4. 架空输电线路线下的耕地、园地、牧草地、畜禽饲养地、养殖水面、道路等场所，其频率 50Hz 的电场强度控制限值为 10kV·m^{-1}，且应给出警示和防护指示标志。

2015 年 1 月 1 日，我国环保部与国家质检总局联合发布的《电磁环境控制

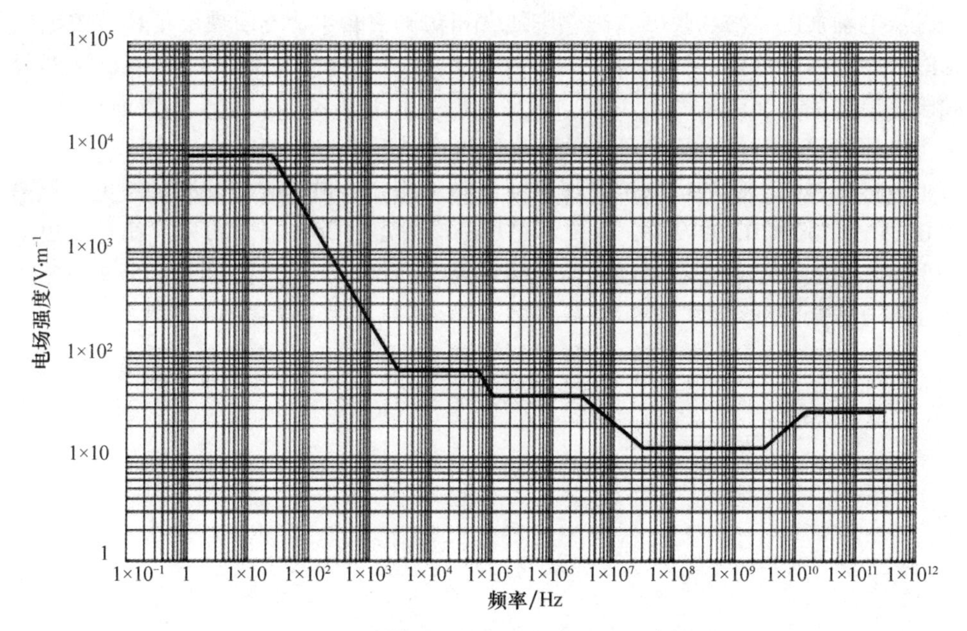

图 1-4　公众暴露电场强度控制值与频率关系

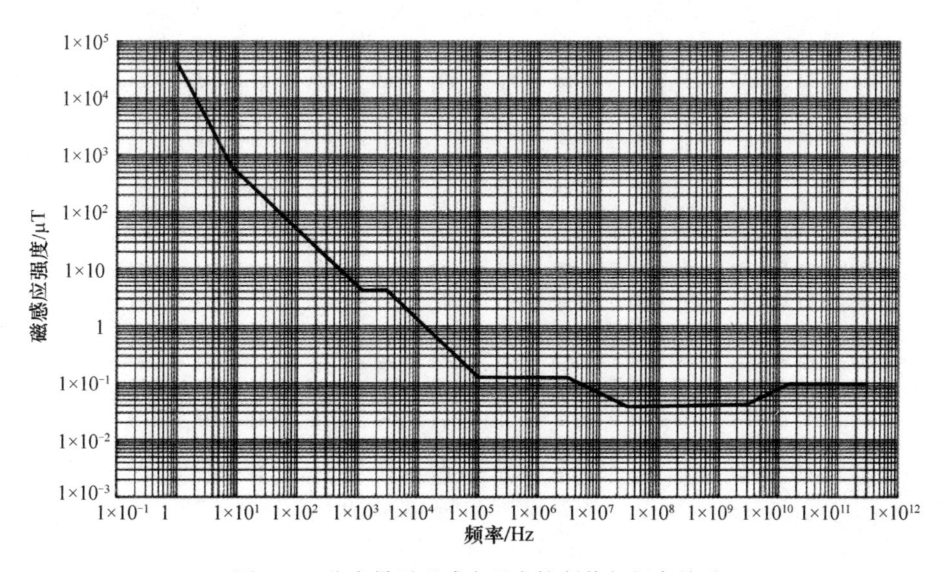

图 1-5　公众暴露磁感应强度控制值与频率关系

限值》（GB 8702—2014）取代了原有的《电磁辐射防护规定》和《环境电磁波卫生标准》，在全国范围内正式实施。

该标准主要针对交流输变电设施、通信、雷达及导航设施、广播电视设施等，从电场强度、磁场强度、磁感应强度和功率密度 4 个方面规定了环境中电磁场的控制指标。该标准还增加了对使用 1Hz~0.1MHz 频率设备的限制，这部分频段主要适用于交流输变电设施，如高压电线和变压器。而对于无线通信终端、家用电器等使用时的电磁环境限值，由电气产品标准进行控制。

新标准还从电磁环境保护管理角度，对一部分射频发射设备进行豁免。频率为 0.1MHz~300GHz 的设备，只要不超过标准规定的等效辐射功率，就可以免于管理。豁免的典型设备有移动通信微蜂窝天线、WLAN 无线路由器、交通测速雷达、部分业余无线电台等。

1.4 放射性检测

放射性检测是指对能够产生电离辐射或电磁辐射等带有放射性的机器或工地进行安全检测。由于放射性危害巨大，且一般情况下必须借助专门仪器方可感知，放射性检测广泛应用于生产生活中，图 1-6 所示为有放射性危害标志。下面将详细介绍放射性检测仪的分类、常见的放射性检测仪器、放射性检测机构以及辐射安全相关的内容。

图 1-6 放射性危害标志

1.4.1 电离辐射

电离辐射通常又称为放射性辐射，由于这类辐射产生的能量较高，可以引起周围物质的原子电离，故称之为电离辐射。在辐射防护领域，电离辐射是指在生物物质中产生离子对的辐射。电离辐射根据组成的粒子本质不同，可分为 α、β、γ、X、n 等辐射。电离辐射的来源可以是放射性核素（包括天然的和人工生产的），也可能是核反应装置，如反应堆、对撞机、加速器、核聚变装置等，也可以是用于医学诊断和治疗的 X 射线机。

1.4.2 电磁辐射

电磁辐射是由于交变的电场和磁场而产生的电磁波向周围空间产生的辐射。由于这类辐射的能量较低，无法引起周围物质电离。严格来讲所有电器（包括家用电器）都会产生电磁辐射，但真正会造成环境污染影响人类健康的是一些大功率的通信设备，如雷达、电视和广播发射装置，工业用微波加热器（家用微波炉也可能有电磁辐射泄漏），射频感应和介质加热设备，高压输变电装置，电磁医疗和诊断设备等。由于辐射的本质不同，因此它作用于人体的机理也不同于电离辐射。电磁辐射有近区场和远区场之分，它是按一个波长的距离来划分的。近区场的电磁场强度远大于远区场，是监测和防护的重点。

1.4.3 仪器分类

核仪器是用于监测电离辐射的仪器（电磁辐射则要用场强仪、频谱仪等仪器）。核仪器可以粗略如下分类。

（1）按测量对象性质划分：

1）α 测量仪：带电粒子测量仪。

2）β 测量仪：带电粒子测量仪。

3）γ 测量仪。

4）n 测量仪。

由于不同粒子与物质作用的机理不同，因此对不同粒子采用不同的传感器。它们可分为气体、闪烁、半导体传感器等。

（2）按监测目的划分：

1）粒子强度仪：仅与粒子数（总 α、总 β、总 γ、中子）相关，与能量无关。

2）剂量仪：主要指贯穿辐射、γ、X 和中子，不仅与粒子数相关，与能量也有关，但无法区分是哪种核素。

3）谱仪：区分各种不同的放射性（α、β、γ、X、中子）核素，并可以与内置数据库和正确的刻度方法结合，确定各种核素的强度及剂量。

（3）按监测用途划分：

1）入口探测器：用于出入境（行人、车辆、火车、行李包裹、货物、集装箱等）检验检疫以及国土安全。

2）场所（固定点）剂量仪：用于发现监测区域异常排放，对源使用场所的剂量进行监控、报警。

3）巡测剂量仪：用于核环境、核安全，寻找放射源；用于对从事核安全、核反恐人员的个人剂量监测及报警核素识别仪；用于识别放射性同位素及特殊核材料的种类并确定其强度，它可分实验室用以及便携式两种。

4）核废物监测仪：用于核设施、核电站等，对核废物监测并分类的表面污染监测仪：有监测路面（车载）、全身及工作衣表面（固定），桌面或任何工作区域局部表面（携带式）的。

5）气体及气溶胶测量仪：用于测氡气、钍射气、Xe 等惰性气体等流出物的监测系统：用于核电站等大型核设施。

6）核成像系统：大型核仪器上采用辐射源和传感器组合，对监测目标扫描成像。

7）其他辅助设施：如自动气象站，气溶胶采样设备、无线电定位系统、车载设备等。

（4）按介质分类：

1）气体探测器。气体探测器以气体为工作介质，由入射粒子在其中产生的电离效应引发输出信号的探测器。气体探测器的突出优点：探测器灵敏，体积大小和形状几乎不受限制，没有核辐射损伤、极易恢复以及运行经济可靠等。

气体探测器通常包括 3 类处于不同工作状态的探测器：电离室、正比室和 G-M管。它们的共同特点是通过收集射线穿过工作气体时产生的电子-正离子对来获得核辐射的信息。G-M 计数管是由盖革（Geiger）和弥勒（Muller）发明的一种计数管，使用非常广泛，其突出特点是制造简单、价格便宜、使用方便；其缺点是死时间比较长、仅能用于计数。中子检测器采用的是正比计数器，所用材料之前是 BF_3，现一般为^3He。

2）闪烁探测器。闪烁探测器是利用辐射在某些物质中产生的闪光来探测电离辐射的探测器。闪烁探测器的典型组成：闪烁体、光导、光电倍增管、管座及分压器、前置放大器、磁屏蔽及暗盒等。

工作过程：①辐射射入闪烁体使闪烁体原子、分子电离或激发，受激原子退激而发出波长在可见光的荧光；②荧光光子被收集到光电倍增管（PMT）的光阴极，通过光电效应打出光电子；③电子倍增，并在阳极输出回路输出信号。

种类主要有：

①无机闪烁体。无机晶体（掺杂）、NaI(Tl)、Cs(Tl)、ZnS(Ag) 等；

②有机闪烁体。有机晶体，有机液体闪烁体及塑料闪烁体等；

③气体闪烁体。Ar、Xe 等。

3）半导体探测器。半导体探测器给辐射探测器的发展，尤其对带电粒子能谱学和射线谱学带来了重大飞跃。其原理是带电粒子在半导体探测器的灵敏体积内产生电子-空穴对，电子-空穴对在外电场的作用下迁移而输出信号。其探测原理和气体电离室类似，有时也称为固体电离室。其优点是线性响应好、能量分辨率最佳；射线探测效率较高，可与闪烁探测器相比。半导体探测器广泛应用在各类射线的检测仪器上，特别是在能谱测量领域，有着不可替代的作用。

1.4.4 常见探测器

1.4.4.1 个人辐射检测仪（PRD）

该仪器体积小巧，佩戴在人体躯干上，用来测定佩带者所受 X 和辐射外照射个人剂量当量或者个人剂量当量率，主要用途用于放射性工作人员的个人防护。

它可以探测佩戴位置当时的剂量当量率，也可以探测所设定的一段时间内的剂量当量，并能设置以声、光或振动进行报警。测量能量范围为50keV~1.5MeV。

1.4.4.2 携带式X、γ辐射剂量率仪（GSD）

这种仪器可由电池供电，重量轻，可携带测量，是口岸最常用的X和γ辐射测量仪器。该仪器包括一个或几个X和γ辐射探测器，测量能量范围为50keV~3MeV，响应时间不超过8s；通常设有报警功能，可以作为监测仪使用；测量辐射剂量率的灵敏度、准确度都比个人辐射检测仪（PRD）高很多，其测量的剂量率值可以作为原始结果来判断被测物的放射性水平。有些仪器可以通过改换探头来测量表面污染或中子辐射。

1.4.4.3 携带式能谱仪（RID）

这种仪器外形和携带式X、γ辐射剂量率仪（GSD）基本一致，区别是在GSD上加装了能谱的测量功能，通常采用NaI(Tl)闪烁体作为探头材料。NaI(Tl)材料的探测效率高，可以做能量响应，可测能谱，但能量分辨率低，所以RID一般在现场做大致的核素定性。

1.4.4.4 通道式X和γ辐射监测仪

通道式X和γ辐射监测仪主要用来探测车辆、人员、行李和邮件的放射性，有时也称为门式或固定式放射性监测系统。和携带式相比，固定式X和γ辐射计量率仪一般采用塑料闪烁体做探测部件，可以做得比较大，所以探测灵敏度更高。探测能量范围应在50keV~7MeV之间，至少应达到80keV~1.5MeV，通常可设置报警预值配合自动监测工作。有些配有中子探测器，可对中子进行监测。

1.4.4.5 中子检测仪

中子检测仪是测量现场中子计数或剂量的便携式或佩戴式仪器。由于中子不带电，不能直接测量，一般是通过中子和物质进行核反应或弹性碰撞来检测中子，常用的检测器是充有^3He和BF_3的气体正比计数管。由于中子辐射出现的情况很少，所以中子检测仪一般并不单独购置，而是作为其他仪器的附加功能来配置。

1.4.4.6 高纯锗γ能谱仪

能谱仪是通过测量能谱来对被测物所含的放射性核素和含量进行分析。通常所说的能谱仪是指实验室内的大型谱仪，它的探头材料为半导体材料，采用高纯锗材料，能量分辨力极好，测量时需要用液氮或电制冷。测量时一般放置在铅室中，能对样品中很低含量的放射性核素进行准确的定性和定量。

1.4.4.7 其他仪器

还有其他一些仪器设备，也可能会在实际工作中使用。比如车载式辐射检测仪，它的探测方式和通道式的一致，但其探测器安装在车辆上，可移动探测。将光学成像和剂量率分布梯度图像进行叠加的相机，可以以照片的形式，非常清晰直观地显示观测地区放射源（热点）所在的位置。还有将探测器安装在抓斗或龙门吊上的装置，可以在抓取和吊装货物的时候直接对货物进行放射性测量。

1.4.5 防止电磁辐射所产生的危害

1.4.5.1 防止电磁辐射对人体的影响

防止电磁辐射对人体的影响的主要措施有：

(1) 屏蔽室。由金属（片、网）所构成，多用于对大型机械组或控制室的主动场屏蔽。

(2) 屏蔽衣、屏蔽头盔和屏蔽眼镜。这些均是个人防护具，可以有效地降低磁辐射强度，以保护从事接触电磁辐射的工作人员的身体健康。

(3) 屏蔽罩。这是对小型仪器的主动场屏蔽的主要方法，屏蔽所用的材料一般要求是电阻率小的导电性材料，如铜、铝等。

(4) 对于手机所产生的电磁辐射可以戴耳机来减小电磁辐射，信息产业部电信传输研究所泰尔实验室的实验证明，使用耳机通话时头部受到的辐射量处在直接用手机通话辐射量的1/200~1/100之间。

1.4.5.2 防止电磁辐射泄漏电脑机密的方法

防止电磁辐射泄漏电脑机密的方法主要有：

(1) 被动模式。进行电磁屏蔽，防止电磁波向外泄漏。单一使用这种模式的缺点是：如果屏蔽不能彻底，高灵敏度的电磁接收设备还是可以获取信息。

(2) 主动模式。发射电磁波，使得用于窃密的电磁接收设备接收到被干扰了的信号。单一使用这种模式的缺点是：如果使用设计得非常好的软件对接收到的被干扰了的信号进行分析，还是有可能还原出有用的信息。

因此，采取被动模式防止电磁波向外泄漏，单一对显示器进行屏蔽还不够。当要在保密情况下使用电脑的时候，应当把所有不必要的电缆和外围设备除去。而使用电池供电的手提电脑则能够免除这种连接。但如果非要使用公共电源的话，被动模式的滤波设备或者再加上主动模式的干扰信号注入电源线，就成为可考虑采用的措施。

1.5 热污染

热污染，是指自然界和人类生产、生活产生的废热对环境造成的污染。热污染通过使受体水和空气温度升高进而污染大气和水体。火力发电厂、核电站和钢铁厂的冷却系统排出的热水，以及石油、化工、造纸等工厂排出的生产性废水中均含有大量废热。在工业发达的美国，每天所排放的冷却用水达 4.5 亿 m^3，接近全国用水量的 1/3；废热水含热量约 10450 亿千焦，足够让 2.5 亿 m^3 的水温升高 10℃。图 1-7 表示水体和大气环境遭受的热污染，改变了自然界原有的热平衡，带来了一系列问题，已经引起了人们广泛的关注。

(a)

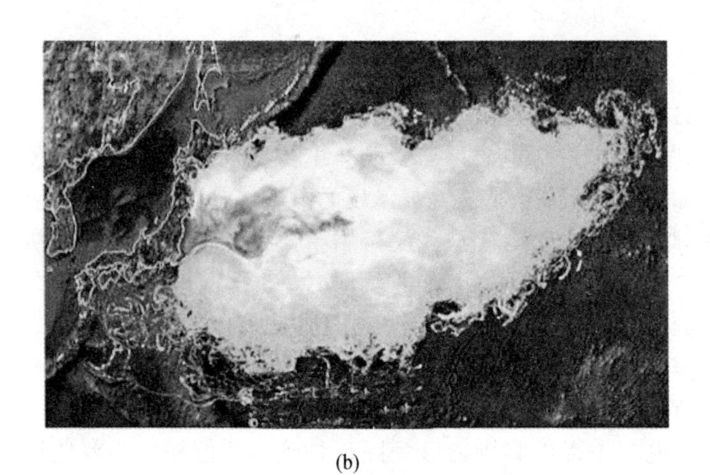

(b)

图 1-7　水体热污染和大气热污染红外遥感图

1.5.1 热污染的危害

1.5.1.1 危害人体健康

热污染对人体健康构成严重危害，降低了人体的正常免疫功能。高温不仅会使体弱者中暑，还会使人心跳加快，引起情绪烦躁，精神萎靡，食欲不振，思维反应迟钝，工作效率低。高温气候助长了多种病原体、病毒的繁殖和扩散，易引起疾病，特别是肠道疾病和皮肤病。

1.5.1.2 影响全球气候变化

随着人口和耗能量的增长，城市排入大气的热量日益增多。人类使用的全部能量最终将转化为热，传入大气，逸向太空。这样使地面对太阳热能的反射率增高，吸收太阳辐射热减少，沿地面空气的热减少，上升气流减弱，阻碍云雨形成，造成局部地区干旱，影响农作物生长。近一百多年以来，地球大气中 CO_2 不断增加，引发气候变暖，冰川积雪融化，使海水水位上升，一些原本十分炎热的城市，变得更热。专家预测，如按现在的能源消耗速度计算，每 10 年全球温度会升高 0.10~0.26℃；1 个世纪后即为 1.0~2.6℃，而两极温度将上升 3~7℃，对全球气候会有重大影响。

整个地球的热污染可能破坏大片海洋从大气层中吸收 CO_2 的能力，热污染使得吸收 CO_2 能力较强的单细胞水藻死亡，而使得吸收 CO_2 能力较弱的硅藻数量增加。如此引起恶性循环，使地球变得更热。热污染还会使海水温度升高，使海藻、浮游生物和甲壳纲动物等物种栖息的珊瑚礁和极地海岸周围的冰架遭到破坏；同时未知细菌和病毒的大量出现，正在杀害海洋生物，也威胁着人类的健康。另一方面，热污染引起南极冰原持续融化，造成海平面上升。这对于那些地势较低的海岛小国和沿海地区人口大国无疑是灾难性的。热污染引起冰川的融化最初可能导致洪水肆虐，贮有冰川融水的冰川湖也可能泛滥成害，但一旦冰川湖枯竭，河流就会断流。

由于全球气候变暖，空气中水汽相对较少，干旱地区明显增多，土地干裂，河流干涸，沙化严重，全世界每年都有超过 600 多万公顷的土地变成沙漠，尤其是在副热带干旱区和温带干旱区。由于地面状况的改变，使这些地区的太阳辐射强度大，而且地表对太阳辐射的吸收作用明显增强，又为地球大面积增温起到了一定的推动作用。因此，从某种意义上说，全球变暖与干旱地区日益扩大有很大关系。

1.5.1.3 污染大气

人类使用的全部能源最终将转化为一定的热量进入大气环境，这些热量会对大气产生严重影响。

A 大气增温效应

进入大气的能量会逸向宇宙空间。在此过程中，废热直接使大气升温；同时煤、石油、天然气等矿物燃料在利用过程中产生大量CO_2所导致的“温室效应”也会使气温上升。大气层温度升高将会导致极地冰层融化，造成全球范围的严重水患。据观测，近100年间海平面升高了约10cm。

B CO_2等温室气体的“温室效应”

温室效应，是指透射阳光的密闭空间，由于与外界缺乏对流等热交换而产生的保温效应。在地球周围的大气中，CO_2具有保温的功效，对太阳光的透射率较高，而对红外线的吸收力却较强，使地表受热升温。同时地表升温后辐射出来的红外线（热能）也较多地被CO_2吸收，然后再以逆辐射的形式还给地表，从而减少了地表的热损失。温室效应使地表升温、海水膨胀和两极冰雪消融，海平面由此而上涨，有可能淹没大量沿海城市；台风、暴风、海啸、酷热、旱涝等灾害会频频发生。CO_2的增加对目前增强温室效应的贡献约为70%，CH_4约24%，N_2O约为6%。

C 城市的“热岛效应”

一般城区的年平均气温比城郊、周边农村要高0.5~3.0℃，这种现象在近地面气温分布图上表现为以城市为中心形成一个封闭的高温区，犹如一个温暖而孤立的岛屿。英国气候学家赖克·霍德华把这种气候特征称为“热岛效应”。

由于热岛中心区域近地面气温高，大气做上升运动，与周围地区形成气压差异，周围地区近地面大气向中心区聚合，从而形成一个以城区为中心的低压旋涡。这使人们生活、工业生产、交通工具运转等产生的大量大气污染物（硫氧化物、氮氧化物、碳氧化物、碳氢化合物等）聚集在热岛中心，危害人们的身体健康甚至生命。其危害主要有：

（1）直接刺激人们的呼吸道黏膜，轻者引起咳嗽流涕，重者会诱发呼吸系统疾病；

（2）刺激皮肤，导致皮炎，甚至引起皮肤癌；

（3）长期生活在“热岛”中心，会表现为情绪烦躁不安、精神萎靡、忧郁压抑、胃肠疾病多发等；

（4）因城区和郊区之间存在大气差异，可形成“城市风”，它可干扰自然界季风，使城区的云量和降水量增多；大气中的酸性物质形成酸雨、酸雾，诱发更加严重的环境问题。

"热岛效应"形成的首要原因是城市内有大量的人工构筑物（如混凝土、柏油路面，各种建筑墙面），这些人工构筑物吸热快而比热容小，在相同的太阳辐射条件下，它们比绿地、水面等升温快，吸收热量多，蒸发耗热少，散失热量较慢；工厂生产、交通运输以及居民生活都需要燃烧各种燃料，每天都在向外排放大量的热量。其次是城市建设没有规划好，绿色面积较少。

1.5.1.4 污染水体

火力发电厂、核电站和钢铁厂等冷却系统排出的热水，以及石油、化工、造纸等工厂排出的生产性废水中均含有大量废热。

A 影响水质

温度变化会引起水质发生物理的、化学的和生物化学的变化，见表 1-3。从表中可见，温度升高，水的黏度降低、密度减小，水中沉积物的空间位置和数量会发生变化，导致污泥沉积量增多。水温增加，还会引起溶解氧减少，氧扩散系数增大。水质的改变会引发一系列问题。

表 1-3 温度对水体物理性质的影响

温度 /°C	大气压 /Pa	黏度 /Pa · s	密度 /g · mL^{-1}	表面张力 /N · m^{-1}	氧溶解度 /mg · L^{-1}	氧扩散系数 /cm^2 · m^{-1}	氮溶解度 /mg · L^{-1}
0	0.611	1.787×10^{-3}	0.99984	0.0756	14.6		23.1
5	0.872	1.519×10^{-3}	0.99997	0.0749	12.8		20.4
10	1.212	1.307×10^{-3}	0.99970	0.0742	11.3	15.7×10^{-6}	18.1
15	1.705	1.139×10^{-3}	0.99910	0.0735	10.2	18.3×10^{-6}	16.3
20	2.338	1.002×10^{-3}	0.99820	0.0728	9.2	20.9×10^{-6}	14.9
25	3.167	0.89×10^{-3}	0.99704	0.0720	8.4	23.7×10^{-6}	13.7
30	4.243	0.798×10^{-3}	0.99565	0.0710	7.6	27.4×10^{-6}	12.7
35	5.623	0.719×10^{-3}	0.99406	0.0704	7.1		11.6
40	7.376	0.653×10^{-3}	0.99224	0.0696	6.8		10.8

B 影响水中（水生）生物

溶解氧的减少，会使存在的有机负荷因消化降解过程加快而加速耗氧，出现缺氧，鱼类会因缺氧而死亡。温度升高还会使水中化学物质的溶解度增大，生化反应加速，影响水生生物的适应能力。研究表明，水体增温使水生生物群落结构发生变化，影响生物多样性指数，不同季节的温排对动物影响有所区别，还使动物栖息场所减少。持续高温导致南极浮动冰山顶部大量积雪融化，使群居在此的阿德利亚企鹅失去了赖以产卵和孵化幼仔的地方，企鹅数量大减。

C 使水体富营养化

水体的富营养化是以水体有机物和营养盐（氮和磷）含量的增加为标志，它引起水生生物大量繁殖，藻类和浮游生物爆发性生长。这不仅破坏了水域的景色，而且影响了水质，并对航运带来不利影响。如海洋中的赤潮使水中溶解氧急剧减少，破坏水资源，使海水发臭，造成水质恶化，致使水体丧失饮用、养殖的价值。水温升高，导致生化作用加强，有机残体的分解速度加快，营养元素大量进入水体，更易形成富营养化。

D 使传染病蔓延，有毒物质毒性增大

水温的升高为水中含有的病毒、细菌形成了一个人工温床，使其得以滋生泛滥，造成疫病流行。水中含有的污染物，如毒性比较大的汞、铬、砷、酚和氰化物等，其化学活动性和毒性都因水温的升高而加剧。

1.5.1.5 加快水分蒸发

水温的升高使水分子热运动加剧，也使水面上的大气受热膨胀而上升，加强了水汽在垂直面上的对流运动，从而导致液体蒸发加快。陆地上的液态水转化为大气水，使陆地上失水增多，这在贫水地区尤其不利。

1.5.1.6 增加能量消耗

冷却水水温升高，给许多利用循环水生产的工厂在经济和安全方面带来危害。水温直接影响电厂的热机效率和发电的煤耗、油耗。水温超过一定限度，将严重影响发电机的负荷，成为发电机组安全的巨大隐患。

1.5.2 热污染的原因

热污染是异常热量的释放或被迫吸收产生的环境“不适”造成的。近百年来全球气候变化主要影响因子按重要程度排队为：CO_2 浓度增大，城市化，海温变化，森林破坏，气溶胶，沙漠化，太阳活动，O_3，火山爆发，人为加热。人们认为，使用化石燃料及核电站排出的废热是全球范围内热污染的主要来源。概括起来，热污染的原因包括异常气候变化带来的多余热量和各种有害的“人为热”。

1.5.2.1 异常气候变化

(1) 近年来，太阳活动频繁，到达地球的太阳辐射量发生改变，大气环流运行状况随之亦发生变化。太阳黑子活动强烈时，经向环流活跃，南北气流交换频繁，导致冬冷夏热。如在1987年7月，希腊遭受持续8天的热浪袭击，雅典郊区温度猛增至45℃，导致900余人丧生，这是由于太阳活动异常导致的。

（2）森林随全球平均温度的上升而出现自燃现象并引发森林大火，同时向大气释放大量热量和CO_2，最终又直接或间接地导致全球大气总热量增加，破坏了生态平衡，并给人类带来无法估量的损失。全世界每年有几百万公顷的原始森林被破坏，极大地削弱了森林对气候的调节作用。

（3）由于大气环流原因，改变了大气正常的热量输送，赤道东太平洋海水异常增温，厄尔尼诺现象增强，导致地球大面积天气异常，旱涝等灾害性天气增多。

（4）火山爆发频繁，释放的大量地热和温室气体直接或间接地对地球气温变化产生影响，而地震、风暴潮等灾害也严重影响了人类的生产和生活。

1.5.2.2 直接或间接的“人为热”释放

（1）CO_2等温室气体的排放。工业的迅速发展，各种燃料（煤、石油、天然气等）消费剧增，产生的大量CO_2等温室气体被释放到大气之中，温室效应显著，加速了地球大气平均温度的增高，造成全球热量平衡紊乱。据探测，南极冰芯气泡取样中CO_2含量及雪中^{18}O同位素与当地温度关系成正相关，这与近年来工业生产CO_2释放相吻合。1970年以来，CO_2每年增量在0.4%~1.0%，1986年比工业革命以前增加了20%~25%。由于人类大量砍伐森林、草原上过度放牧，使能吸入CO_2放出O_2的森林牧草大量减少，也使CO_2的含量进一步增加。

（2）工业生产（如电力、冶金、石油、化工、造纸、机械等部门）过程中的动力、化学反应、高温熔化等，居民生活（如汽车、空调、电视、电风扇、微波炉、照明、液化气、蜂窝煤等）向环境排放了大量的废热水、废热气和废热渣等。

（3）工业生产过程中，与热过程有关的工业热灾害，如火灾、爆炸和毒物泄漏，也是热污染的来源。这些灾害可以引起大范围的人员伤亡和大面积的区域污染，而且持续时间长。

1.5.3 热污染的防治

人类的生活永远离不开热能，但人类面临的问题是如何在利用热能的同时减少热污染。这是一个系统问题，解决问题的切入点应在源头和途径上。随着现代工业的发展和人口的不断增长，环境热污染将日趋严重。然而，人们尚未有用一个量值来规定其污染程度，这表明人们并未对热污染有足够重视。防治热污染可以从以下方面着手。

（1）在源头上，应尽可能多地开发和利用太阳能、风能、潮汐能、地热能等可再生能源。

(2) 加强绿化，增加森林覆盖面积。绿色植物具有光合作用，可以吸收CO_2，释放O_2，还可以产生负离子。植物的蒸腾作用可以释放大量水汽，增加空气湿度，降低气温。林木还可以遮光、吸热、反射长波辐射，降低地表温度。绿色植物对防治热污染有巨大的可持续生态功能。具体措施有：提高城市行道树建设水平，加强机关、学校、小区等的绿化布局，发展城市周边及郊区绿化等。

(3) 提高热能转化和利用率及对废热的综合利用。像热电厂、核电站的热能向电能的转化，工厂以及人们平时生活中对热能的利用上，都应提高热能的转化和使用效率，把排放到大气中的热能和CO_2降低到最小量。在电能的消耗上，应使用良好设计的节能、散发额外热能少的电器等。这样做既节省能源，又有利于环境。另外，产生的废热可以作为热源加以利用，如用于水产养殖、农业灌溉、冬季供暖、预防水运航道和港口结冰等。

(4) 提高冷却排放技术水平，减少废热排放。

(5) 有关职能部门应加强监督管理，制定法律、法规和标准，严格限制热排放。

1.6　手传振动

手传振动是生产中使用振动工具或接触受振工件时，直接作用或传递到人手臂的机械振动或冲击。长期暴露于手传振动可导致以末梢循环障碍和神经损伤为主的手臂振动病，振动性白指是其典型表现。手传振动在采矿、伐木、造船、五金加工和机械制造等行业广泛存在。手传振动危害标志如图 1-8 所示。据不完全统计，我国有 200 万名作业工人使用振动工具，几乎所有省份均有手臂振动病病例。据美国国家职业健康安全协会统计，美国手臂振动病发病率为 6%～100%，平均约 50%（约 145 万人）。但在我国近年的职业病报告中，手臂振动病每年不到 100 例，而且近 60%病例来自地处中国南方亚热带地区的广东省。这一方面颠覆了传统职业性手臂振动病只发生于北方寒冷地区的观念，另一方面也反映出接振劳动者职业健康检查覆盖率很低。

图 1-8　手传振动危害标志

职业性手臂振动病的损伤具有不可逆性，缺乏有效的康复治疗措施，早期预防是防控手传振动危害的关键。然而，与噪声防控类似，由于工艺和技术的局限，很多作业岗位无法避免接触一定水平的手传振动。所以，定期开展接振工人暴露监测以及接振工人职业健康检查，评估其职业健康危害风险，早期发现危险因素和健康影响，并尽早采取防控措施是目前职业卫生中运用最广泛的方法。但由于当前手传振动暴露监测和职业健康检查技术的不足，很多接振工人早期得不到很好的防治，调查显示很多行业手臂振动综合征报告率在30%以上。

国际标准化组织（ISO）基于整个手臂感觉的Wh频率计权模型给予10Hz左右的低频振动最高的权重，这低估了高频振动（200~1250Hz）对手指的健康危害，同时高估了低频振动（6.3~25Hz）对健康的影响。由此为理念制定的职业接触限值不能保护以高频为主的手传振动。另外，接触手传振动作业工人的职业健康检查缺乏灵敏度和特异度，振动性白指难以诱发，灵敏度差，神经肌电图很难反映指端感觉神经的早期变化，故接振工人健康损害早期识别有难度。

我国工作场所噪声和手传振动危害较为普遍，职业性噪声聋病例数还存在持续增长的风险，职业性手臂振动病未被充分认识和重视，众多存在健康损害的劳动者没能得到相应的防治。在积极采取工程防控的同时，健康危害的早期监测和风险评估技术对我们把握好最后一道预防关口，减少职业病的发生具有重要意义。

（1）常见危害较大的振动作业。矿业开采、机械制造、冶金行业、林业木器、建筑行业、高尔夫球具制造厂等。

（2）常见振动工具：

1）风动工具（如风铲、风镐、风钻、气锤、凿岩机、捣固机等）。

2）电动工具（如电钻、电锯、电刨等）。

3）高速旋转工具（如砂轮机、抛光机等）。

（3）振动对人体各系统影响：

1）神经系统。引起脑电图改变；条件反射潜伏期改变；交感神经功能亢进、血压和心律不稳等；皮肤感觉功能降低，如触觉、温热觉、痛觉，尤其是振动感觉最早迟钝。

2）引起周围毛细血管形态和张力的改变。40~300Hz的振动能引起周围毛细血管形态和张力的改变，表现为末梢血管痉挛、脑血流图异常；心脏方面可出现心动过缓、窦性心律不齐和房内、室内、房室间传导阻滞等。

3）握力下降，引起骨和关节的改变。40~300Hz以下的大振幅振动易引起骨和关节的改变，骨的X光底片上可见到骨质形成、骨质疏松、骨关节变形和坏死等。

4）听力下降。振动引起的听力变化以125~250Hz频段的听力下降为特点，但在早期仍以高频段听力损失为主，后期才出现低频段听力下降。振动和噪声有联合作用。

5）长期使用振动工具可产生局部振动病。局部振动病，也称为手传振动病，是我国的法定职业病。手传振动病是以末梢循环障碍为主的疾病，亦可累及肢体神级及运动功能。发病部位一般在上肢末端，典型表现为发作性手指变白。

（4）手臂振动病临床表现：

1）手指麻木；

2）手指肿胀/疼痛；

3）指关节疼痛；

4）严重时出现手指关节变形；

5）手部运动功能障碍；

6）手指在接触振动、气温下降或接触冷水后指节变白。

2 实　　验

2.1 室内噪声的测量实验

通过对室内环境噪声的监测可以确定工作环境是否符合标准。

2.1.1 实验目的

（1）熟悉噪声频谱分析仪的校准和使用方法；
（2）掌握室内环境噪声的测量方法；
（3）掌握室内设备噪声测量及频谱分析方法。

2.1.2 实验原理

对于室内噪声，如果是稳态噪声只测 A 声级，如果是非稳态的连续噪声，则在足够长的时间内（能够代表 8h 内起伏状况的部分时间）取样，计算等效连续 A 声级 L_{eq}。

2.1.3 测量仪器

（1）HS6280D 型噪声频谱分析仪；
（2）噪声源（指定室内的设备，如通风橱、真空泵等）。

2.1.4 步骤及记录

（1）噪声频谱分析仪的校准；
（2）噪声频谱分析仪的使用方法；
（3）室内环境噪声的测量方法。

1）绘制平面布置图和测点位置图（测点高度：1.2~1.5m）；

2）启动噪声源，在测点测出 A 声级或等效连续 A 声级 L_{eq}，记下测量值，填入表 2-1。

（4）室内机器设备噪声的测量及频谱分析。

1）根据选点原则，确定测点；

2）关闭噪声源，在各测点上测量背景噪声 A 声级，记下各测量值，填入表 2-2；

3）启动噪声源，在相应测点上测量A声级，记下各测量值，填入表2-2；

4）选定一个测点，关闭噪声源，分别测出在各倍频程中心频率下的声压级，记下各测量值，填入表2-3；

5）启动噪声源，在该测点测出在各倍频程中心频率下的声压级，记下各测量值，填入表2-3。

表2-1 室内环境噪声记录 (dB)

测点		1	2	3	…	平均值	标准值	是否超标
测量	A声级							
项目	L_{eq}							

表2-2 设备噪声测量记录 (dB)

项目	测点					平均值
	1	2	3	4	…	…
测量值						
背景值						
实际值						

表2-3 设备噪声频谱分析记录 (dB)

项目	中心频率/Hz								
	31.5	63	125	250	500	1000	2000	4000	8000
测量值									
背景值									
实际值									

注：$L_{实}=L_{测}+10\lg\left[1-10^{-0.1\times(L_{测}-L_{背})}\right]$。

2.1.5 结果与数据处理

(1) 要求绘制室内平面布置简图，指出声源位置；并确定室内噪声是否超标；

(2) 计算出噪声源（指定设备）的噪声；

(3) 以各倍频程中心的频率为横坐标，以频率的对数为标度，用声压级做纵坐标（单位为dB)，绘制频谱图。

2.1.6 注意事项

(1) 在测量时，无关同学远离噪声源；

（2）做实验时，应认真记录；

（3）注意保护好仪器，严禁对传声器尖叫。

2.1.7 思考题

（1）这种室内环境噪声的测量方法可否用于工业企业内部生产环境的测量，为什么？

（2）此种测量室内设备噪声的方法，在实际运用中还可用来测量哪些噪声？

2.2 城市交通噪声测量实验

2.2.1 实验目的

（1）掌握测量城市噪声大小的方法；
（2）掌握测量城市噪声的选点原则与测量的要求。

2.2.2 实验原理

城市交通运输噪声主要是机动车辆噪声，其表征是声级、频谱特征、行驶速度、发动机功率等。城市交通噪声一般指交通干线在某一时段内的等效连续声级和累积百分声级 L_{10}、L_{50}、L_{90}等。干线上的交通噪声随车流量的增加而提高，此外还与车速、车种、道路表面的状况、鸣号次数和道路坡度等因素有关。城市建设中，无论新建一条马路，还是新建一个机场等，为合理布局规划和限制噪声对环境的污染，都要对噪声进行监测。

选点原则：在两个交叉路口之间的交通干线上选择一个测点，这个测点可选在马路边人行道上，一般离马路边 20cm，离地面高度 1.2~1.5m，这个测点的噪声代表两个路口之间该段马路的交通噪声。

2.2.3 测量仪器

（1）HS6288 型噪声频谱分析仪；
（2）秒表。

2.2.4 步骤及记录

（1）噪声频谱分析仪的校准；
（2）选定有代表性的交通干线，选取一个测点；
（3）在测点上每隔 5s 读取一个瞬时 A 声级（慢响应），并连续读取 200 个数据；
（4）在记录数据同时，记下总测量时间的车流量（来、回的机动车辆，且要区分大车、小车、摩托车的数量）。

2.2.5 注意事项

（1）实验应在无雨、无雪的天气进行；
（2）实验时，风力应在三级以下，否则必须加上风罩，大风天气应停止测量；
（3）在读噪声频谱分析仪的同时，在表 2-4 上准确记录下实验数据。

表 2-4　城市交通噪声测量记录表

2.2.6　实验数据整理

（1）将每个测点得到的 200 个数据，从小到大排列，第 20 个数据即为 L_{90}，第 100 个数据即为 L_{50}，第 180 个数据即为 L_{10}；

（2）将每个测点的 L_{10} 值按 5dB 一档分级，以不同颜色或颜色深浅对比画出每段马路的噪声值，即得到城市交通污染分布图。

（3）一般为了使城市噪声污染的统一表达，需要计算出等效声级，当车流量为 200 辆/小时，交通噪声基本符合正态分布，可用下式计算等效声级：

$$L_{eq}=L_{50}+d^2/60$$

式中，$d=L_{10}-L_{90}$；标准偏差：$\delta=-(L_{16}-L_{84})$。

本次实验只测一段马路上的一个点或两个点，要求每个点测 200 个数据，从中得到 L_{eq}、L_{10}、L_{50}、L_{90} 和等效连续声级的标准偏差。

（4）实验报告中应包括测试路段环境简图、测试时间、车流量及车流特征的简单描述（大车、小车出现情况）、测试数据列表并标出 L_{10}、L_{50}、L_{90} 的值，以及计算得到的 L_{eq}，并与测试路段所处区域的环境噪声标准比较，判断噪声达标情况。

2.2.7　思考题

（1）城市交通噪声与什么因素有关？

2.3 环境中电磁辐射监测实验

2.3.1 实验目的

（1）了解测定工作室、实验室电磁辐射环境监测的方法；

（2）掌握手持式电磁辐射分析仪的使用。

2.3.2 实验原理

电荷的周围存在着一种特殊的物质，称为电场。电流在其所通过的导体周围产生的具有磁力的一定空间，称为磁场。

电场（E）和磁场（H）是互相联系、互相作用，且同时并存的。由于交变电场的存在，就会在其周围产生交变的磁场；磁场的变化，又会在其周围产生新的磁场。他们的运动方向是相互垂直的，并与自己的运动方向垂直。这种交变的电场和磁场的总和，称为电磁场。这种变化的电场和磁场交替地产生，由近及远，互相垂直（亦与自己的运动方向垂直），并以一定的速度在空间传播的过程中不断地向周围空间辐射能量，这种辐射的能量称为电磁辐射，也称为电磁波。电磁波是由电磁振荡产生的，在垂直于行进方向的振荡电磁场，在空气中以光速（$c = 3 \times 10^8 \mathrm{m \cdot s^{-1}}$）传播。

电磁场频率划分见表 2-5。

表 2-5　射频电磁场频率划分

频率范围		波长范围	频段名称	波段名称
3～30kHz		100～10km	甚低频（VLF）	超长波
30～300kHz	10～1km	低频（LF）	长波	
0.3～3MHz	1～0.1km	中频（MF）	中波	
3～30MHz	100～10m	高频（HF）	短波	
30～300MHz	10～1m	甚高频（VHF）	超短波（米波）	
0.3～3GHz	1～0.1m	超高频（VHF）	分米波	
3～30GHz	10～1cm	特高频（SHF）	厘米波	
30～300GHz	10～1mm	极高频（EHF）	毫米波	

2.3.3 测量仪器

（1）手持式电磁辐射分析仪（NF-3020 型）；

（2）电磁辐射发生器（电磁辐射体或电磁辐射源）。

2.3.4 实验步骤

2.3.4.1 环境条件

符合行业标准和仪器标准中规定使用条件。测量记录表应注明环境温度、相对湿度。

2.3.4.2 测量时间

在辐射体正常工作时间内进行测量，每个点连续测量5次，每次测量时间不少于60s，并读取稳定状态的最大值，若测量读数起伏较大时，则应该延长测量时间。

2.3.4.3 测量位置

(1) 测量位置取作业人员操作位置，距离地面0.5m、1.0m、1.7m三个位置；

(2) 辐射体各辅助设施（计算机房、供电室）作业人员经常操作的位置，测量部位距地面0.5m；辐射体附近的固定哨位、值班位置。

2.3.4.4 数据处理

每个测量部位的平均场强值（若有几次读数）。

2.3.4.5 布点方法

(1) 典型辐射体环境测量布点。对于典型辐射体，比如某个电视发射塔周围环境实施监测时，则应以辐射体为中心，按间隔45°的8个方位为测量线，每条测量线上选取场源分别为30m、50m、100m等不同距离定点测量，测量范围依实际情况确定。布点可参考图2-1。

(2) 一般环境测量布点。对于整个城市电磁辐射测量时，根据城市测绘地图，将全区划分为1km×1km或2km×2km小方格，取方格中心为测量位置。

2.3.5 实验监测

打开电磁辐射发生器，1h后测定5个监测点的电磁辐射强度。

(1) 开机状态下，连上工频主机后，进入工频探头测试界面，如图2-1所示。

(2) 测量界面显示的测量数据按参数设置。限值类型设置可选实时测量、ICNHRP'10 Public、ICNIRP'10 Workers、2013/35/EULowAL、2013/35/EUHighAL、GB 8702—2014。

（3）当菜单—测量选项—类型选择设置为 HJ 681—2013 时，参数设置中的限值类型默认为实时测量，不可更改（注：多个探头同时存在时优先显示射频数据）。

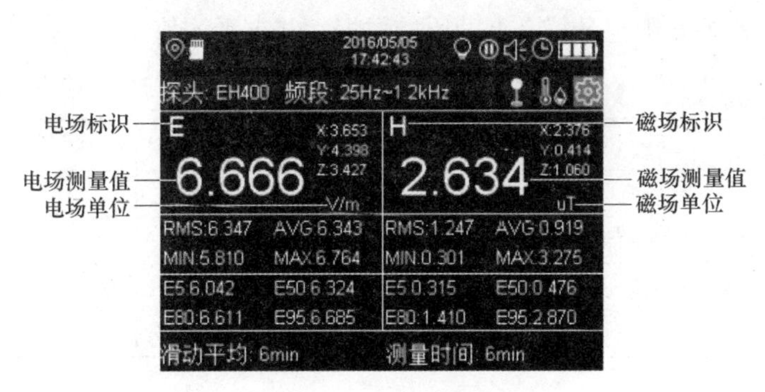

图 2-1　操作界面

当仪表参数设置——谱图类型设置为时域模式时；

（1）在测量界面短按“显示模式”键，进入图表界面——电场和磁场双显模式，如图 2-2 所示。

（2）短按此键进入电场放大单独显示界面，再短按此键进入磁场放大单独显示，再次短按此键返回测量界面，如此循环。

（3）在双显模式界面，通过上下方向键，选中“E”或“H”后短按“确认”键也可进入电场或磁场放大单独显示界面。

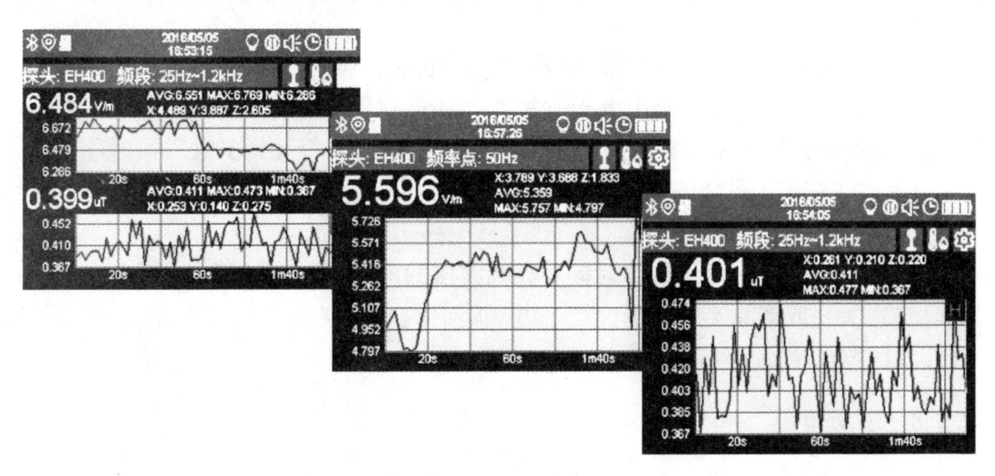

图 2-2　操作界面

2.3.6 数据处理

（1）画出布点图，标明测量距离和辐射体位置。

（2）在表2-6中记录每个点的原始数据，并求平均值。

表2-6 辐射监测记录数据记录

点位	E_1	E_2	E_3	E_4	E_5	E_{av}
1						
2						
3						
…						

（3）评价标准。按照《电磁环境控制限值》（GB 8702—2014）和《辐射环境保护管理导则-电磁辐射监测仪器和方法》（HJ/T 10.2—1996）进行评价。根据标准，学生宿舍属于安全区，需按一级标准进行评价。所测电脑辐射频率范围涵盖了长波、中波、短波、超短波、微波，属于标准中的混合波段，其综合电场强度标准限值由复合场强加权决定，为5～10V·m^{-1}之间。

2.3.7 注意事项

（1）电磁辐射分析仪有多种品种，凡是用于EMC（电磁兼容）、EMI（电磁干扰）目的的测试接收机都可用于环境电磁辐射监测。使用仪器应经计量标准定期鉴定。

（2）学生宿舍环境电磁辐射源不仅仅是电脑，还有与学生长时间、近距离接触的电器如床头台灯、床头电子闹钟等。因此仅测量电脑环境电磁辐射强度，不能完全判断长期处于宿舍环境中的大学生这一群体是否受到了电磁辐射危害。

（3）NF-3020适合的定频率在4kHz的工频电、磁场，开关，排插，插座，风扇等环境下。

（4）对于手机、对讲机等射频、高频波段的电、磁场不适用。

（5）关闭或清除实验室里能产生电磁辐射的一切仪器和物品（如实验仪器、手机、日光灯等）。

2.3.8 思考题

设计实验方案测定在电脑操作时，处于不同位置所受电脑电磁辐射强度的大小。

2.4 室内照明的测量实验

2.4.1 实验目的

（1）学会多功能环境检测仪的使用方法；

（2）了解并掌握室内或办公间内照度的测量方法；

（3）以保障视觉工作要求和有利工作效率安全，确定维护和改善照明的措施为目的进行测量；

（4）检验照明设施所产生的照明效果与各照明设计标准的符合情况。

2.4.2 实验原理

2.4.2.1 照度 E（illuminance）

表面上一处的光照度是入射在包含该点的面元上的光通量（dΦ）除以该面元面积（dA）之商，单位为勒克斯（lx）。

$$E=\frac{\mathrm{d}\Phi}{\mathrm{d}A}$$

2.4.2.2 照明均匀度（U_1，U_2）（uniformity ratio of illuminace）

通常指规定表面上的最小照度与最大照度之比，符号为 U_1；也用最小照度与平均照度之比表示，符号为 U_2。

光电池是把光能直接转换成电能的光电元件。当光线射到硒光电池表面时，入射光透过金属薄膜到达半导体硒层和金属薄膜的分界面上，在界面上产生光电效应。产生的光生电流大小与光电池受光表面上的照度有一定的比例关系。如果接上外电路，就会有电流通过，电流值从以勒克斯（lx）为刻度的微安表上指示出来。光电流的大小取决于入射光的强弱。

2.4.2.3 测量条件

（1）在现场进行照明测量时，现场的照明光源宜满足下列要求：

1）白炽灯和卤钨灯累计燃点时间在 50h 以上；

2）气体放电灯类光源累计燃点时间在 100h 以上。

（2）在现场进行照明测量时，应在下列时间后进行：

1）白炽灯和卤钨灯应燃点 15min；

2）气体放电灯类光源应燃点 40min。

2.4.2.4 测点分布

A 中心布点法

在照度测量的区域一般将测量区域划分成矩形网格，网格宜为正方形，应在矩形网格中心点测量照度，如图 2-3 所示。该布点方法适用于水平照度、垂直照度或摄像机方向的垂直照度测量，垂直照度应标明照度的测量面的法线方向。

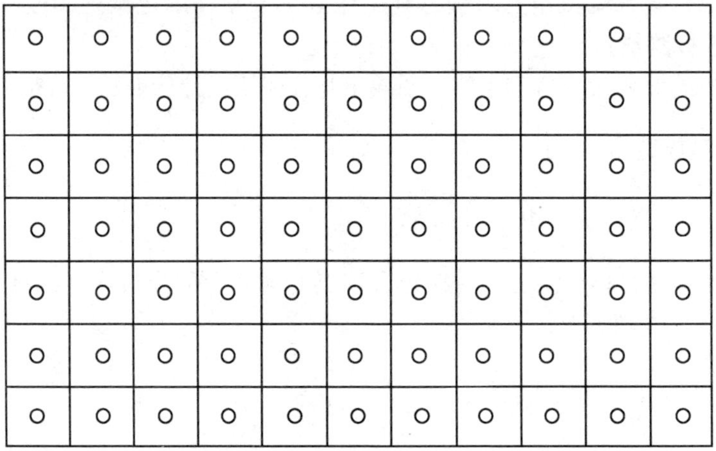

图 2-3 网格中心布点示意图

中心布点法的平均照度为

$$E_{av} = \frac{1}{MN} \sum E_i$$

式中 E_{av}—— 平均照度，lx；

E_i——在第 i 个测点上的照度，lx；

M—— 纵向测点数；

N—— 横向测点数。

B 四角布点法

在照度测量的区域一般将测量区域划分成矩形网格，网格宜为正方形，应在矩形网格 4 个角点上测量照度，如图 2-4 所示。该布点方法适用于水平照度、垂直照度或摄像机方向的垂直照度测量，垂直照度应标明照度测量面的法线方向。

四角布点法的平均照度为

$$E_{av} = \frac{1}{4MN}\left(\sum E_{\theta} + 2\sum E_0 + 4\sum E \right)$$

式中 E_{av}——平均照度，lx；

M——纵向网格数；

N——横向网格数；

E_θ——测量区域四个角处的测点照度，lx；

E_0——除 E_θ 外，四条边上的测点照度，lx；

E——四条外边以内的测点照度，lx。

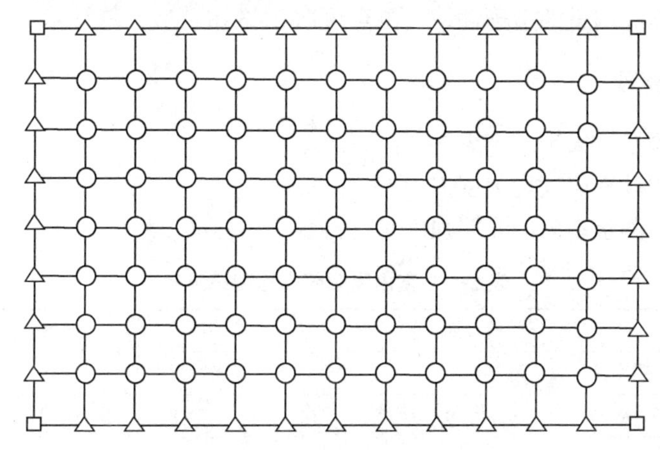

图 2-4 网格四角布点示意图

○—场内点；△—边线点；□—四角点

照度均匀度按如下计算式计算：

$$U_1 = E_{min}/E_{max}$$

式中 U_1——照度均匀度（极差）；

E_{min}——最小照度，lx；

E_{max}——最大照度，lx。

$$U_2 = E_{min}/E_{av}$$

式中 U_2——照度均匀度（均差）；

E_{min}——最小照度，lx；

E_{av}——平均照度，lx。

2.4.3 测量仪器

（1）H61 多功能环境检测仪；

（2）秒表。

2.4.4 实验步骤

（1）预先在测定场所打好网格，作测点记号，一般室内或工作区为 2~4m 正方形网格。对于小面积的房间可取 1m 的正方形网格；

（2）对走廊、通道、楼梯等处在长度方向的中心线上按 1~2m 的间隔布置测点；

（3）网格边线一般距房间各边 0.5~1m；

（4）选定测定点，打开设备，选定照度测量挡；

（5）待指示值稳定后读数；

（6）为提高测量的准确性，一测点可取 2~3 次读数，取算术平均值。

2.4.5 数据整理

（1）把测量结果记录到表 2-7；

（2）分别计算照度均匀度 U_1 和 U_2；

（3）评估测量室内的光照强度是否符合光照标准。

表 2-7 室内照明照度检测记录表

场地名称			检验日期				检验项目		照度、照度均匀度			
设备名称	照度计		环境温度				设备状况					
测量点	1	2	3	4	5	6	7	8	9	10	11	12
实测值												
照度最大值			照度最小值				照度平均值			照度均匀值	$U_1=$	
											$U_2=$	

2.4.6 注意事项

（1）宜在额定电压下进行照明测量。在测量时，应监测电源电压；若实测电压偏差超过相关标准规定的范围，应对测量结果做相应的修正。

（2）室内照明测量应在没有天然光源和其他非被测光源影响下进行。室外照明测量应在清洁和干燥的路面或场地上进行，不宜在明月和测量场地有积水或积雪时进行。

（3）应排除杂散光射入光接收器，并应防止各类人员和物体对光接收器造成遮挡。

2.4.7 思考题

（1）中心布点法和四角布点法这两种测量方法，分别有什么优缺点，各适用于何种条件下的照度测量？

（2）室外的照度测量中，由于存在太阳光线的干扰，波动较大，在测量过程中我们应该注意哪些问题？

2.5 不同降噪材料的降噪效果探究实验

2.5.1 实验目的

(1) 学会噪声频谱分析仪的校准和使用方法；

(2) 掌握室内设备噪声的测量方法；

(3) 掌握室内设备噪声的频谱分析方法，通过对机器设备的噪声进行频谱分析，为采用何种降噪材料，评估材料降噪效果提供依据。

2.5.2 实验原理

吸声降噪是控制室内噪声常用的技术措施。通过吸声材料和吸声结构来降低噪声，一般情况下，吸声控制能使室内的噪声降低约 3~5dB (A)，使噪声严重的车间降低 6~10dB (A)，多孔吸声材料是目前应用最为广泛的吸声材料。最初多孔吸声材料以多孔麻、棉、棕丝、毛发、甘蔗渣等天然动植物纤维为主，目前则以玻璃棉、矿渣棉等无机纤维为主。这些材料可以是松散的，也可以加工成棉絮状或采用适当的黏结剂加工成毡状或板状。

2.5.2.1 吸声原理

多孔吸声材料的构造特征是：其部分在空间组成骨架，使材料具有一定的形状，称为筋络，筋络间有许多贯通的微小间隙，其具有一定的通气性能。当它遇到声波时，一部分被反射，一部分透入射到多孔材料并衍射到内部的微孔内，激发孔内空气与筋络发生振动，由于空气分子之间的黏性阻力，空气与筋络之间的摩擦阻力，使声能不断转化为热能而消耗；此外，空气与筋络之间的热交换也消耗部分声能，从而达到吸声的目的。

2.5.2.2 吸声特性及影响因素

多孔材料的吸声特性主要受入射声波和材料的性质影响。其中声波性质除与入射角度有关外，主要和频率有关。一般多孔吸声材料对高频声吸收效果好，对低频声吸收效果差。这是因为低频声波激发微孔内空气少，摩擦损失小，因而声能损失少，而高频声波容易使振动加快，从而消耗声能较多。所以多孔吸收材料常用于高、中频噪声的吸收。

多孔吸声材料的特性除与本身性质有关外，还与其使用条件有关，如厚度、密度，使用时的结构形式及温度、湿度等。

厚度对吸声性能的影响：由实验测试可知，同种材料，厚度增加一倍，吸声最佳频率向低频方向近似移动一个倍频程，厚度越大，低频时吸声系数越大，而频率在500Hz以上时，吸声系数几乎与材料的厚度无关。所以通常增加厚度，可提高低频声的吸收效果，但对高频声影响不大，因为高频声在吸声材料的表面就被吸收了。

理论证明，若吸声材料层背后为刚性壁面，最佳吸声频率出现在材料的厚度等于该频率声波波长的1/4处。使用中，考虑经济及制作的方便，对于中、高频噪声，一般采用2~5cm厚的成形吸声板；对于低频吸声要求较高时，则采用厚度为5~10cm的吸声板。

2.5.3 测量仪器

（1）HS6280D型噪声频谱分析仪；
（2）指定室内的设备（如空压机、真空泵等）；
（3）秒表；
（4）卷尺；
（5）隔音屏蔽室（聚酯纤维棉、玻璃棉、岩棉板3种材料制备）。

2.5.4 步骤及记录

2.5.4.1 室内环境噪声的测量方法

绘制平面布置图和测点位置图（测点高度：1.2~1.5m），在测点测出A声级或等效连续A声级 L_{eq}，记下测量值。

2.5.4.2 不同材料隔离下室内机器设备噪声的测量及频谱分析

（1）根据选点原则，确定测点；
（2）启动噪声源，测出A声级或等效A声级 L_{eq}，记下测量值；进入不同材质的隔音屏蔽室，测出A声级或等效A声级 L_{eq}，记下测量值，填入表2-8；
（3）选定一个测点，关闭噪声源，分别测出不同条件下各倍频程中心频率下的声压级，记下各测量值，填入表2-9；
（4）启动噪声源，在该测点分别测出不同条件下在各倍频程中心频率下的声压级，记下各测量值，填入表2-9。

表2-8 设备噪声测量记录表 （dB）

项目	聚酯纤维棉	玻璃棉	岩棉板
测量值			
背景值			
实际值			

表 2-9 不同材料对设备噪声频谱分析记录 (dB)

项目	中心频率/Hz								
	31.5	63	125	250	500	1000	2000	4000	8000
测量值									
背景值									
实际值									

注：$L_{实} = L_{测} + 10\lg[1 - 10^{-0.1\times(L_{测}-L_{背})}]$。

2.5.5 数据处理

（1）检测室内环境噪声，确定室内噪声是否超标；

（2）计算出噪声源的噪声；

（3）以各倍频程中心的频率为横坐标，以频率的对数为标度，用声压级做纵坐标（单位为 dB），绘制在不同降噪材料下的频谱图；

（4）对比不同材料对噪声源的隔音效果，评估所采用的材料的降噪效果。

2.5.6 注意事项

（1）在测量时，无关同学远离噪声源；

（2）做实验时，应认真记录；

（3）注意保护好仪器，严禁对传声器尖叫。

2.5.7 思考题

通过实验，结合自己周围的生活实际，谈谈怎样才能降低城市的噪声污染，给出合理的措施与建议。

2.6　车间噪声的测定实验

2.6.1　实验目的

（1）掌握普通噪声频谱分析仪及精密噪声频谱分析仪的使用方法；
（2）掌握工厂内噪声的测量、计算及评价方法。

2.6.2　实验内容

（1）演示 AWA6270B 型噪声分析仪（精密性）、HS6288 型噪声分析仪（普通型）的使用方法。

（2）模拟工厂内进行噪声测量，包括选择测量点进行声级测量和等效连续 A 声级的计算。

（3）评价测量结果。

2.6.3　实验仪器

（1）HS6288 型噪声频谱分析仪；
（2）AWA6270B 型噪声分析仪；
（3）秒表；
（4）卷尺。

2.6.4　实验原理

2.6.4.1　普通噪声频谱分析仪和精密噪声频谱分析仪的构成原理

噪声频谱分析仪主要由传声器、放大器、指示器（或显示器）及计权网络等部分组成。传声器是将声能（声压）转变为电能的换能器。通常采用的有晶体式、电容式及动圈式换能器。放大器将传声器输出的信号经一级或多级放大，转换成可以显示的信号。衰减器将放大后的信号精确地按照每档 10dB 衰减，以便读数。仪器面板上输出衰减器由旋钮、按键或移动键控制。指示器用以显示所测噪声强度的大小。指示器量程一般为每档 10dB，并附有“快（F）”“慢（S）”控制键，一般情况下，如果所测噪声比较稳定，可使用“F”挡测量，以便节省测量时间；如果所测噪声稳定性不好，使用“S”挡能够读出比较准确的读数。使用液晶数字显示的噪声频谱分析仪，用起来比较方便。计权网络常用的有 A、B、C 三种滤波器，是根据不同频率声音的等响曲线而设计的计权网络。用计权网络测出的声级须注明该计权网络的代号，如 dB(A)、dB(B) 或 dB(C)。本次测定采用 A 计权网络，测定结果为 A 声级，记为 dB(A)。

目前可供应用的噪声频谱分析仪和频率分析仪种类很多，使用前需详细阅读仪器使用说明书，了解使用方法和注意事项，严格按照要求对仪器进行检查和使用。HS6288 型噪声分析仪性能介绍如下：

（1）A 计权。噪声响应范围 37~130dB。

（2）瞬时 A 声级显示。1 次/s；

（3）采样时间。10s、1min、5min、10min、20min、1h、8h、24h。

（4）电源。4 节五号电池。

（5）使用时的外环境条件。环境温度：0~40℃；大气压力：86~106kPa；环境相对湿度：20%~90%；无雨、无雪的天气条件下进行，风速为 5.5m/s 以上时停止测量。测量时传声器加风罩以避免风噪声干扰。

2.6.4.2 噪声测量——工业企业噪声监测方法

测量工业企业噪声时，传声器的位置应在操作人员的耳朵位置，但人需离开。

测点选择的原则：若车间内各处 A 声级波动小于 3dB，则只需在车间内选择 1~3 个测点；若车间内各处声级波动大于 3dB，则应按声级大小，将车间分成若干区域，任意两区域间的声级应大于或等于 3dB，每个区域内的声级波动必须小于 3dB，每个区域内取 1~3 个测点。

如车间噪声为稳定噪声则测量 A 声级，如为不稳定噪声，测量等效连续 A 声级或测量不同 A 声级下的暴露时间，计算等效连续 A 声级。测量时使用慢挡，取平均读数。

2.6.5 实验步骤

2.6.5.1 边界噪声的测量

本次噪声测量假设桂林理工大学雁山校区为一个工厂车间，测量边界噪声。一般情况下，测点选在工业企业厂界外 1m、高度 1.2m 以上、距任一反射面距离不小于 1m 的位置。

学生分 4 组，采样点分别为：1 号测点，雁山校区东门；2 号测点，雁山校区南门；3 号测点，雁山校区西边界；4 号测点，雁山校区北边界。

使用“F”档测量，每 5s 读取 1 个瞬时声级，共读 200 个数据并作出详细记录；测量时间间隔为每 30min 读取 1 组数据（200 个），并做好记录，每组学生读取 2~3 组数据。并记录每组数据测量的时间段。

数据的整理与处理结果计算：分别计算每个边界监测期间的等效声级值。其中 200 个瞬时声级值从大到小排序，L_5 相当于峰值平均噪声级，L_{50} 相当于平均噪声级，又称中央值，L_{95} 相当于背景噪声级（或叫本底噪声级）。如果测量是按一定时间间隔（例如每 5s 一次）读取指示值，那么 L_{10} 表示有 10% 的数据比它高，L_{50} 表示有 50% 的数据比它高，L_{90} 表示有 90% 的数据比它高。200 个数据，L_{10} 为第 20 位的数据，L_{50} 为第 11 位的数据，L_{90} 为第 180 位的数据，如果噪声级的统计特性符合正态分布，那么：

每组数据的等效噪声频谱分析仪算公式：

$$L_{eq}=L_{50}+d^2/60$$

式中，$d=L_{10}-L_{90}$。

三组监测数据的平均等效声级为：

$$L_{eq}=10\lg\left(\frac{1}{N}\sum_{i=1}^{n}10^{0.1L_{Ai}}\right)$$

式中 N——测量的声级总个数；

L_{Ai}——采样到的第 i 个 A 声级，dB（A）。

对监测结果进行评价：判断是否超标。判断标准参照《工业企业厂界环境噪声排放标准》（GB 12348—2008）。

2.6.5.2 生产环境的噪声测量

噪声测量时，生产设备必须处于正常工作状态，并维持运行状态不变。测点的选择，应能切实反映车间各个操作岗位的噪声水平。在按工艺流程设计的厂房、车间内，或工种分工明显的生产环境，测点应包括各工种的操作岗位与操作路线。在工种分区不明显的车间，测点应选择典型工种的操作岗位。在需要了解车间其余区域噪声分布时，可人为观察管理生产而经常活动的范围，如在通道、休息场所等处选择噪声测点。在测点上，传声器应置于人耳位置高度。测量时，传声器应指向影响较大的声源；若难于判别声源方位，则应将传声器竖直向上。

测量方法：

（1）准备好符合条件的测试仪器，对传声器进行校准，检查噪声频谱分析仪的电池电压是否足够。

（2）在选定的位置布置测点。

（3）在规定的时间内（6：00~22：00），每个测点测量 10min 的连续等效 A 声级。

（4）测量后，用声级校准器对传声器再次进行校准，要求测量前后传声器的灵敏度相差不大于 2dB，否则重新测量。

2.6.6 实验结果与分析

做好原始记录表（见表 2-10），计算出等效声级，并进行结果判断。

表 2-10 车间噪声原始记录表

2.7 室内空气中氡的测定方法实验

2.7.1 实验目的

（1）了解氡气放射性污染的危害；

（2）掌握空气中氡的测定方法。

2.7.2 实验原理

使用采样泵或自由扩散方法将待测空气中的氡抽入或扩散进入测量室，通过直接测量所收集氡产生的子体产物或经静电吸附浓集后的子体产物的 α 放射性，推算出待测空气中的氡的浓度。

2.7.3 仪器和设备

FYCDY 便携式连续测氡仪（空气氡量程：1～1000000Bq·m^{-3}）

2.7.4 实验步骤

为评价室内氡水平，分两步测量：第一步筛选测量，用以快速判定建筑物是否对其居住者将产生高辐照的潜在危险；第二步跟踪测量，用以估计居住者的健康危险度以及对质量措施做出评价。

2.7.4.1 筛选测量

筛选测量用以快速判定建筑物内是否含有高浓度氡气，以决定是否需要或采取哪类跟踪测量。筛选测量特点是花费少而且操作简单，不会把时间或经费浪费在那些对健康不构成威胁的室内环境中。筛选测量采样时间列于表 2-11。

表 2-11 筛选测量的采样时间

仪 器	采样时间
活性炭盒	2~7 天
连续测氡仪	至少 1h，最好 24h
双滤膜法测氡仪	至少 6h，最好 24h

2.7.4.2 点位的选择

筛选测量应在氡浓度估计最高和最稳定的房间或区域内进行。

选择原则：

（1）测量应当在最靠近房屋底层的经常使用的房间，包括家庭住房、起居室、卧室等。优先选择底层的卧室，因为大多数人在卧室内度过的时间比在其他任何房间都长。

（2）测量不应选择在厨房和洗澡间。因为厨房排风扇产生的通风会影响测量结果。洗澡间的湿度很高，可能影响某些仪器的灵敏度。

（3）测量应避开采暖、通风、空调系统的通风口、火炉以及门、窗等能引起空气流通的地方。还应避开阳光直晒和高潮湿地区。

（4）测量位置应距离门、窗 1m 以上，距离墙面 0.5m 以上。

（5）测量仪应放置在离地面至少 0.5m，并不得高于 1.5m，并且距离其他物体 10cm 的位置。

（6）封闭时间，通常关闭门窗 12h。

2.7.5　数据记录

将测得的数据填入表 2-12 中。

表 2-12　空气中氡数据记录表

采样点位	Rn/Bq · m^{-3}

2.8 物质对γ射线的吸收实验

2.8.1 实验目的

(1) 加深理解γ射线在物质中的吸收规律。

(2) 掌握测量γ射线在几种不同物质中的有效（线）吸收系数和有效质量吸收系数。

(3) 学会用曲线斜率、半吸收厚度以及最小二乘法拟合实测曲线的方法，求出有效（线）吸收系数和有效质量吸收系数。

2.8.2 实验原理

射线通过物质时，会因光电效应、康普顿效应和电子对效应消耗其能量，使γ射线的强度减弱，这种现象称为γ射线的吸收。对于γ射线，其吸收呈指数规律减弱。γ射线的强度计算公式为

$$I = I_0 e^{-\mu d} \tag{2-1}$$

式中 I_0—— γ射线穿过吸收物质前的射线强度；

I——射线穿过吸收物质后的射线强度；

μ——吸收物质的有效（线）吸收系数，cm^{-1}；

d——吸收物质的厚度，cm。

式（2-1）中的μ的大小反映了物质吸收γ射线的能力，对上式两边取自然对数后得

$$\mu = \frac{\ln I - \ln I_0}{d} \tag{2-2}$$

由式（2-2）可见，曲线的斜率即为有效（线）吸收系数。

使射线强度减弱一半的物质厚度，称为“半吸收厚度”。即

$$I = \frac{1}{2} I_0 \text{时}, d_{1/2} = \frac{\ln 2}{\mu} \tag{2-3}$$

与此同时，

$$\mu_m = \frac{\mu}{\rho} \tag{2-4}$$

式中 μ_m——有效质量吸收系数。

2.8.3 实验设备

(1) 5号镭源一个；

（2）FD-3013型数字辐射仪一台；

（3）带中心孔的铅板若干块（准直器一个）；

（4）作为吸收屏用的水泥（瓷砖）、铜板、铁板、铝板、铅板、大理石、塑料板若干块。这些物质的规格需用游标卡尺测定。

2.8.4　实验步骤

（1）按要求放置实验装置，并检查仪器使之处于正常状态。

（2）调整装置，使放射源、准直器、探测器中心处于同一轴心上。

（3）分别测量准直器在无源无屏时仪器底数（I_0）3次。

（4）测量准直器中有源无屏时仪器读数（I_{max}）3次。

（5）测量7种不同屏的γ射线吸收曲线，至仪器读数随着各种物质的厚度增加几乎不变为止。在每个厚度读数3次，填入表2-13。

表2-13　实验记录表1

厚度/mm									
读数									

（6）测量完上述7种屏的γ射线吸收曲线后，再重复测量3次I_0和I_{max}，最后取前后两次测得的I_0和I_{max}的平均值进行下面的计算。

2.8.5　数据记录

（1）将上述所测数据进行整理并填入表2-14中。

表2-14　实验记录表2

屏材料	厚度/cm	读数I	减本底数/$I-I_0$	$\ln(I-I_0)$

（2）根据上表数据作$\ln(I-I_0)\sim d$关系图（用厘米纸），在曲线上求出$d_{1/2}$，带入式（2-3）和式（2-4），分别求出μ和μ_m。

（3）将上表数据中的厚度和$\ln(I-I_0)$成对地输入计算器内，用最小二乘法拟合出一条直线$Y=Bd+A$。直线中的A、B都能从计算器中直接得到，其中B为该直线的斜率，即μ。

（4）将上述2种方法所求出的μ和μ_m。列于表2-15中进行比较。

表 2-15　两种方法计算的μ和μ_m比较

材　料		铁	铜	铅	铝
半吸收厚度法	μ				
	μ_m				
最小二乘法	μ				
	μ_m				

2.8.6　思考题

（1）窄束射线与宽束射线的主要区别是什么？其在物质中的衰减规律有何不同？

（2）有效（线）吸收系数与哪些因素有关？为什么？

2.9 工作场所手传振动的测量实验

2.9.1 实验目的

(1) 了解手传振动的概念和危害;
(2) 掌握手传振动的测定和计算方法。

2.9.2 实验原理

2.9.2.1 基本概念

手传振动(hand-transmitted vibration)是在生产中使用手持振动工具或接触受振工件时,直接作用或传递到人的手臂的机械振动或冲击。日接振时间(daily exposure duration to vibration)是工作日中使用手持振动工具或接触受振工件的累积接振时间,单位为h。加速度级(acceleration level)是振动加速度与基准加速度之比以10为底的对数乘以20,用L_h表示。频率计权振动加速度(frequency-weighted acceleration)是按不同频率振动的人体生理效应规律计权后的振动加速度,单位为$m \cdot s^{-2}$。频率计权加速度级(frequency-weighted acceleration level)是用对数形式表示的频率计权加速度,用L_{hw}表示。等能量频率计权振动加速度(4 hours energy equivalent frequency-weighted acceleration)是在日接振时间不足或超过4h时,要将其换算为相当于接4h的频率计权振动加速度值。

2.9.2.2 生物力学坐标系

以第三掌骨头作为坐标原点,Z轴(Z_h)由该骨的纵轴方向确定。当手处于正常解剖位置时(手掌朝前),X轴垂直于掌面,以离开掌心方向为正向。Y轴通过原点并垂直于X轴,手坐标系中各个方向的振动均应以“h”作下标表示(Z轴方向的加速度记a_{Z_h},X轴、Y轴方向的振动的依次类推),如图2-5所示。

2.9.2.3 测量方法

按照生物力学坐标系,分别测量3个轴向振动的频率计权加速度,取3个轴向中的最大值作为被测工具或工件的手传振动值。

2.9.3 仪器和材料

(1) 设有计权网络的手传振动专用测量仪;
(2) 振动仪。

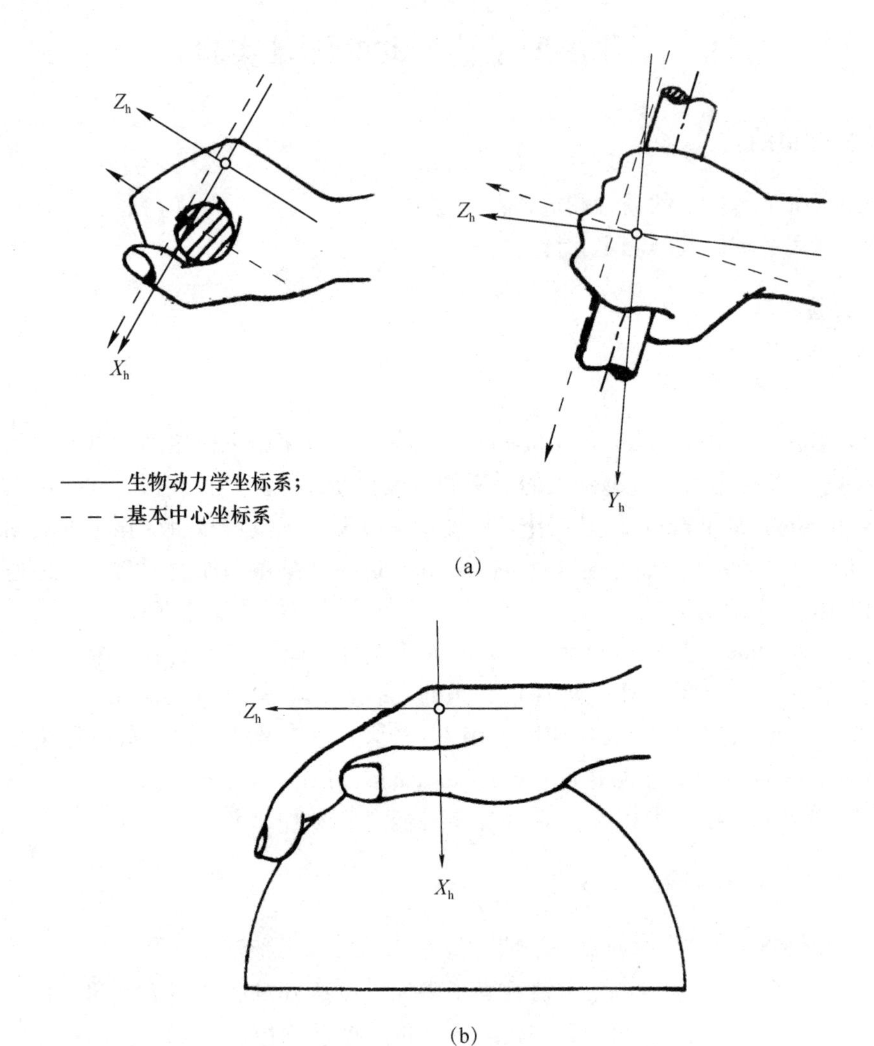

图 2-5 生物力学坐标系的轴向
（a）紧握姿势（手以标准握法握住半径为 2cm 的圆棒）；
（b）伸掌姿势（手压在半径为 10cm 的球上）

2.9.4 实验步骤

2.9.4.1 振动测量仪器

采用设有计权网络的手传振动专用测量仪，直接读取计权加速度或计权加速度级。

2.9.4.2 取值方法

(1) 使用手传振动专用测量仪时，可直接读取计权加速度值（$m \cdot s^{-2}$）；若测量仪器以计权加速度级（dB）表示振动幅值，则可通过式（2-5）换算成计权加速度。

$$L_h = 20\lg\left(\frac{\alpha}{\alpha_0}\right)$$

或

$$\alpha = 10^{(L_h/20)}\alpha_0 \tag{2-5}$$

式中 L_h——加速度级，dB；

α——振动加速度有效值，$m \cdot s^{-2}$；

α_0——振动加速度基准值，$\alpha_0 = 10^{-6} m \cdot s^{-2}$。

(2) 如果只获得 1/1 或 1/3 倍频程各中心频带加速度均方根值时，可采用式（2-6）换算成频率计权加速度。当各中心频带为加速度级均方根值时，先用式（2-7）换算为频率计权加速度级，然后再利用式（2-6）换算成频率计权加速度。

$$\alpha_{hw} = \sqrt{\sum_{i=1}^{n}(K_i\alpha_{hi})^2} \tag{2-6}$$

式中 α_{hw}——频率计权振动加速度，$m \cdot s^{-2}$；

α_{hi}——1/1 或 1/3 倍频程第 i 频段实测的加速度均方根值，$m \cdot s^{-2}$；

K_i——1/1 或 1/3 倍频程第 i 频段相应的计权系数，见表 2-15；

n——1/1 或 1/3 倍频程总频段数。

$$L_{hw} = 20\lg\sqrt{\sum_{i=1}^{n}(K_i 10^{L_{hi}}/20)^2} \tag{2-7}$$

式中 L_{hw}——频率计权加速度级；

L_{hi}——1/1 或 1/3 倍频程第 i 频段实测的加速度级均方根值；

K_i——1/1 或 1/3 倍频程第 i 频段相应的计权系数，见表 2-16；

n——1/1 或 1/3 倍频程总频段数。

表 2-16 1/1 与 1/3 倍频程的计权系数 K_i

中心频率	1/3 倍频程 K_i	1/1 频程 K_i
6.3	1.0	
8.0	1.0	1.0
10.0	1.0	
12.5	1.0	
16	1.0	1.0
20	0.8	

续表 2-16

中心频率	1/3 倍频程 K_i	1/1 频程 K_i
25	0.63	
31.5	0.5	0.5
40	0.4	
50	0.3	
63	0.25	0.25
80	0.2	
100	0.16	
125	0.125	0.125
160	0.1	
200	0.08	
250	0.063	0.063
315	0.05	
400	0.04	
500	0.03	0.03
630	0.025	
800	0.02	
1000	0.016	0.016
1250	0.0126	

2.9.4.3 测量记录

测量记录应该包括以下内容：测量日期、测量时间、气象条件（温度、相对湿度）、测量地点（单位、厂矿名称、车间和具体测量位置）、被测仪器设备型号、测量仪器型号、测量数据等如表 2-17 所示。

表 2-17 手传振动测量记录表

（1）测量日期：　（2）测量时间：　（3）测量地点：
（4）温度：　（5）相对湿度：　（6）测试仪器型号：

被测设备型号	L_h/dB	α_{hw}/m · s^{-2}	L_{hw}

2.9.5 注意事项

（1）测量仪器覆盖的频率范围至少为 5～1500Hz，其频率响应特性允许误差在 10～800Hz 范围内为±1dB；4～10Hz 及 800～2000Hz 范围内为±2dB；

（2）振动传感器选用压电式或电荷式加速度计，其横向灵敏度应小于 10%；

（3）指示器应能读取振动加速度或加速度级的均方根值；

（4）在进行现场测量时，测量人员应注意个体防护。

3.1 工业企业厂界环境噪声案例 1

3.1.1 监测目的

建设项目环境保护设施竣工验收监测。

3.1.2 企业信息

厂名：东莞市××机电科技有限公司

地址：东莞市横沥镇六甲村××工业区

处理规模及处理工艺：

（1）企业年加工生产通用机械电子设备及配件 50 万件、汽车零配件 300 万件、通信、光机电、安防设备及零组件 500 万件、五金产品 300 万件、新能源产品 50 万件。

（2）清洗废水回用量 2.5m^3/天，排放量 2.5m^3/天，250 天/年。废水处理工艺：集水池→混凝→斜管沉淀→砂滤→炭滤→排放。

（3）喷粉工序粉尘废气采用水喷淋处理，废气排放时间 8h/天，250 天/年。

（4）抛光工序粉尘废气收集至集尘回收房，废气排放时间 8h/天，250 天/年。

（5）酸洗工序酸雾废气无处理设施，废气排放时间 5h/天，250 天/年。

（6）喷漆、烘烤工序有机废气采用水喷淋+活性炭吸附处理，废气排放时间 8h/天，250 天/年。

（7）移印、丝印工序有机废气无处理设施，废气排放时间 7h/天，250 天/年。

（8）处理设施均运行正常。

3.1.3 噪声监测

3.1.3.1 监测方法

监测方法见表 3-1。

表 3-1 监测方法

监测项目	方法依据	监测方法	检测范围
厂界环境噪声	GB 12348—2008	工业企业厂界环境噪声排放标准	35~130dB

3.1.3.2　执行标准

《工业企业厂界环境噪声排放标准》（GB 12348—2008）2 类排放限值：昼间 60dB（A）。

3.1.3.3　监测结果

监测结果见表 3-2。

表 3-2　监测结果　［dB(A)］

测点编号	监测点位	主要声源	监测值	评价
1	厂界南外 1m 处	生产噪声	58.5	达标
2	厂界西外 1m 处	生产噪声	56.4	达标
3	厂界北外 1m 处	生产噪声	55.7	达标

点位分布示意图如图 3-1 所示。

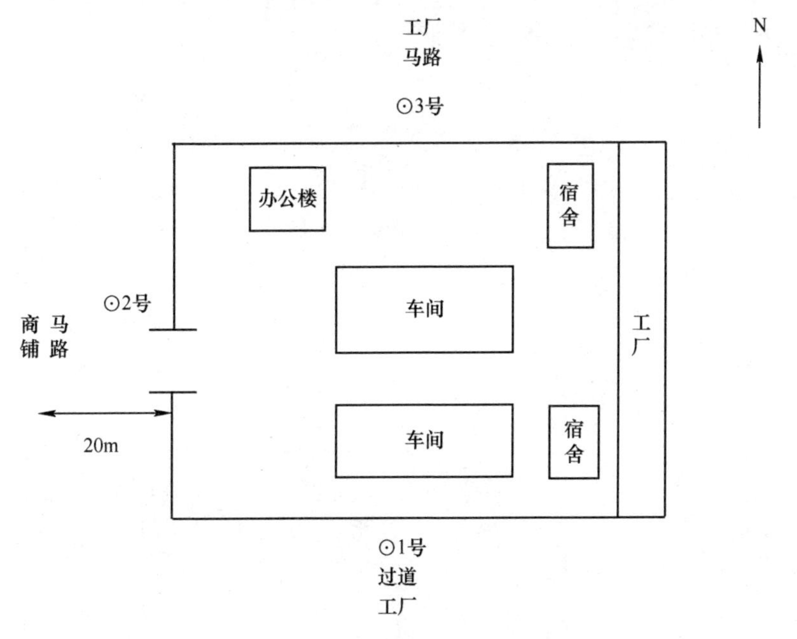

图 3-1　点位分布示意图（⊙表示监测点）
（注：厂界东与邻厂共厂界，未设监测点）

3.1.3.4 监测结论

厂界噪声达到《工业企业厂界环境噪声排放标准》(GB 12348—2008)2类排放限值标准。

3.2 工业企业厂界环境噪声案例 2

3.2.1 监测目的

建设项目环境保护设施竣工验收监测。

3.2.2 企业概况

（1）企业占地面积 4266m^2，建筑面积 5596.5m^2。年加工生产印刷线路板 $15\times10^4m^2$（单面印刷电路板 $9\times10^4m^2$，双面印刷电路板 $5\times10^4m^2$，多层印刷电路板 $1\times10^4m^2$）。

（2）酸性蚀刻工序废气采用碱液喷淋处理，废气排放时间 12h/天，300 天/年。

（3）印刷、固化及烘干工序有机废气采用水喷淋+活性炭吸附处理，废气排放时间 10h/天，300 天/年。印刷方式为网版印刷和凹版印刷，承印物为塑胶和金属。

（4）发电机废气收集后高空排放。

（5）V 型切割、开料工序粉尘废气采用脉冲布袋除尘处理，废气排放时间 12h/天，300 天/年。

（6）钻孔工序粉尘废气采用布袋除尘处理，废气排放时间 12h/天，300 天/年。

（7）涂松香工序、碱性蚀刻工序、沉铜工序没有购入设备和投产，此次未做验收监测。

（8）处理设施均运行正常。

3.2.3 监测布点

噪声监测点位布设及监测时间、工况见表 3-3。

表 3-3 噪声监测点位布设及监测时间、工况

监测点位	监测因子	监测时间	工况
厂界东外 1m 处	厂界噪声	2013-8-28 16：27	100%
厂界北外 1m 处	厂界噪声	2013-8-28 16：34	100%

3.2.4 监测结果

3.2.4.1 监测方法

监测方法见表3-4。

表3-4 监测方法

监测项目	方法依据	监测方法	检测范围
厂界环境噪声	GB 12348—2008	工业企业厂界环境噪声排放标准	35～130dB

3.2.4.2 执行标准

《工业企业厂界环境噪声排放标准》（GB 12348—2008）2类排放限值：昼间60dB（A）。

3.2.4.3 监测结果

监测结果见表3-5。

表3-5 监测结果 [dB(A)]

测点编号	监测点位	主要声源	监测值	评价
1	厂界东外1m处	生产噪声	63.7	超3.7dB(A)
2	厂界北外1m处	生产噪声	62.8	超2.8dB(A)

注：由于企业夜间不进行生产（企业已出具相关证明），故夜间噪声不作监测。

点位分布示意图如图3-2所示。

3.2.5 监测结论

厂界噪声未达到《工业企业厂界环境噪声排放标准》（GB 12348—2008）2类排放限值标准。

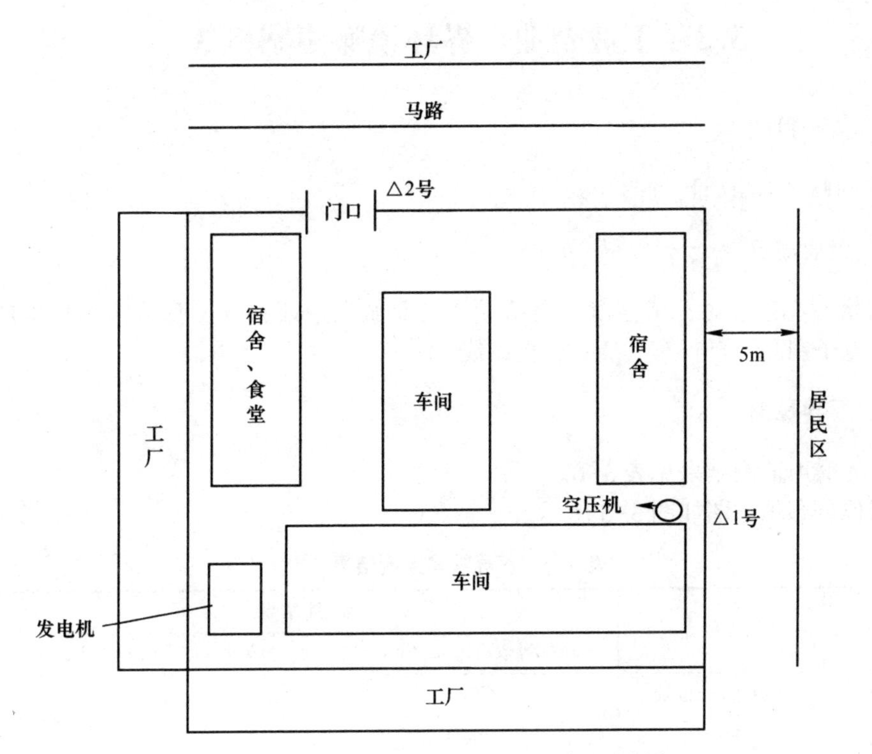

图 3-2 点位分布示意图（△表示监测点）
（厂界南、厂界西均与邻厂共厂界，未设监测点）

3.3 工业企业厂界环境噪声案例 3

3.3.1 监测目的

ISO9001 体系认证。

3.3.2 企业概况

东莞××有限公司，东莞市厚街镇科技工业城工业西路，经营范围包括生产和销售电子制品、自行车、插头、控制线。

3.3.3 厂界噪声

厂界噪声监测结果见表 3-6。

点位分布示意图如图 3-3 所示。

表 3-6 厂界噪声监测结果

测点号	测点位置	监测结果	
		昼间等效声级 L_{eq}/dB(A)	夜间等效声级 L_{eq}/dB(A)
1 号	厂界东外 1m 处	58.6	48.8
2 号	厂界南外 1m 处	59.1	48.6
3 号	厂界西外 1m 处	57.7	47.7
4 号	厂界北外 1m 处	56.8	47.4
《工业企业厂界环境噪声排放标准》(GB 12348—2008) 2 类		≤60	≤50

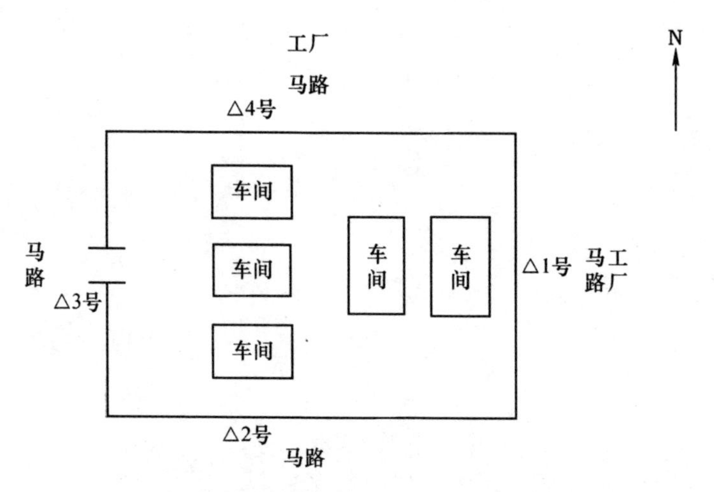

图 3-3 点位分布示意图（△表示监测点）

3.3.4 主要仪器设备

主要仪器设备见表3-7。

表3-7 主要仪器设备

序号	仪器设备名称	型 号	生产厂家
1	噪声统计分析仪	AWA6228B	杭州爱华
2	声校准器	AWA6221B	杭州爱华

3.3.5 监测结论

厂界噪声未达到《工业企业厂界环境噪声排放标准》（GB 12348—2008）2类排放限值标准。

附　　录

附录 A　HS6288 型噪声频谱分析仪技术说明书

A.1　概述

HS6288 型噪声频谱分析仪是一种袖珍式的智能化噪声测量仪器，它集积分、噪声统计、噪声采集等几种功能于一体，主要性能指标符合 IEC 61672 标准和 JJG 188—2002 声级计检定规程对 2 级声级计的规定要求。

HS6288 具有大屏幕液晶显示、时钟设置、自动测量并存储测量数据等特点，最多可存储 500 组单组数据、4 组整时数据和 50 组滤波器自动测量数据，并且可以通过 RS-232C 口把数据传输给 HS4784 打印或传输给计算机进行处理，在设计上有许多创新，能满足多种测量要求。

本仪器结构紧凑、造型美观、功能多、自动化程度高，可广泛应用于环保、工厂、学校、科研等部门进行噪声测量及分析。

A.2　主要技术指标

（1）传声器：1/2in 驻极体测试电容传声器（HS14423）。

（2）测量范围：35～130dB（A、C）；40～130dB（Lin）。

（3）频率计权：20Hz～10kHz。

（4）时间计权：F（快）、S（慢）。

（5）滤波器：1/1 倍频程。

（6）自动测量功能：L_{eq}、L_{AE}、SD、L_N（L_{95}、L_{90}、L_{50}、L_{10}、L_5）、L_{max}、L_{min}、L_{dn}、L_d、L_n。

（7）测量时间设定：Man、10s、1min、5min、10min、15min、20min、1h、8h、24h、24h 整时测量。

（8）时钟：年、月、日、时、分、秒设置运行。

（9）测量数据自动存储：共 500 组单组数据，4 组整时数据和 50 组滤波器自动测量数据。

（10）接口：分析仪通过 RS-232C 将数据传输给 HS4784 打印或传输给计算机处理。

（11）校准：使用 HS6020 校准至 93.8dB。

（12）显示器：使用专门为噪声测量仪器设计的 LCD 显示器。

（13）电源：使用+9V 外接电源（外+内-），或者用 5 节 5 号高能碱性电池。

（14）外形尺寸：（$l \times b \times h$）（307mm×80mm×30mm）。

（15）重量：386g（不带电池）。

（16）工作环境：温度-10～50℃、相对湿度 20%～90%。

A.3　结构特征

仪器使用塑压成型的上下机壳，内侧喷涂导电漆形成屏蔽层，具有良好的抗电磁干扰性。外形为尖头，可减少声反射。主机重量轻，体积小，可手持操作。打开背面电池盖，能方便装取电池。必要时，可旋出下机壳上固定螺钉，取下机壳，对内部进行调试与维修。

A.4　使用方法

（1）注意事项：

1）使用前必须先阅读本说明书，了解仪器的使用方法与注意事项。

2）分析仪使用的传声器是一种精密传感器，请勿碰撞，以免膜片破损，不用时应放置妥当，最好放置在干燥箱中。

3）安装电池或外接电源应注意极性，切勿接反，仪器长期不使用时应取下电池，以免漏液损坏仪器。

4）仪器使用前最好先预热 2min，特别是温度较高时测量低声级的情况下。

5）仪器应避免放置于高温、潮湿、有污水、灰尘及含酸、碱成分高的空气或化学气体的地方，避免阳光直射。

6）请勿擅自拆卸仪器，如果仪器工作不正常，可送修理单位或厂方检修。

（2）面板与开关操作说明如附图 A-1 所示。

（3）使用前准备：

1）装电池：打开仪器背面电池盖板，按照极性标记装入 5 节 5 号干电池（连续测量时间在 8h 以上，建议使用高能碱性电池），当外接电源时，通过一配套插头接入 9V（注意极性：外+内-）直流电压至右侧面的电源插孔中。

2）给打印机充电：打印机电源开关放至 OFF 处，将配套的充电器插头接入到打印机侧面的电源插座中。充电至少 4h，如果在室内打印，接上充电器电源可以直接工作。

3）装传声器：打开包装盒，小心取出传声器，对准前置级头子螺纹口顺时针旋紧，切不可掉下、摔扔或将传声器上金属保护栅旋下。分析仪长期不用时请将传声器旋下放回包装盒内，有条件者可放置在干燥箱中保管。

4）如果用户配置延伸电缆，只需拧松前置固定螺母，将前置级拔出，并按照定位槽口配合装入延伸电缆一端，而在另一端装上传声器即可。

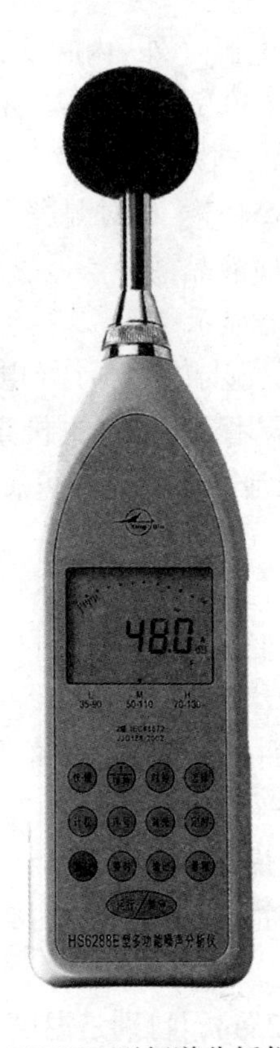

附图 A-1 HS6288 型频谱分析仪面板示意图

5）通电检查：开启分析仪右侧面上电源开关，显示器应显示 A 声级、F 快特性，显示模拟表针刻度（如果显示器左面出现“Batt”字符，表示电池电量不足，请及时更换电池），此时加声压，相应数据跟随变化表示正常。

6）声校准：将声级校准器（94dB、1kHz）配合在传声器上，不振不晃，开启校准器电源，分析仪计权设置为 A、C 或 Lin，声压级读数应为 93. 8dB，否则调节分析仪右侧面的灵敏度调节电位器，校准完成后取下校准器。如果用活塞发生器（124dB、250Hz），分析仪计权必须设置在 C 或 Lin，高量程，校准读数应指示在 124dB。

（4）时钟设置开启分析仪电源开关或按［复位］键，分析仪工作在初始状态，按［时钟］键，显示器显示时钟“时：分”，再按［时钟］键设置时钟，设置时显示格式为 n-xx，左边 n 为 1~6，分别表示年、月、日、时、分、秒，右边的 xx 就是所要设置的数值，按［时钟］改变左边的数字，按［↑］改变右边的数字，最后左边显示 6 时，按［时钟］键完成设置。

如果在设置过程中按［运行］键，则分析仪退出时钟设置状态，并且不保存设置值。

（5）瞬时声级测量。

1）开启分析仪电源开关或按［复位］键，分析仪工作在初始状态，工作方式即为瞬时A声级、F快特性、中量程测量，测量数据为所测A声级值。如果要测C声级，则按［计权］键，使液晶显示器显示C，测量数据即为C声级值，如果按［计权］键，使液晶显示器显示Lin，测量数据为线性声级值。如果读数变化较大，可按面板［快慢］键，显示S，即用慢挡时间计权进行测量，如果声级过高，过载指示灯亮，则按［量程］键使仪器置于高量程，如果声级太低（显示Range），则按［量程］键使仪器置于低量程。

2）按［保持］键，显示“HOLD”，分析仪处于最大值保持测量状态。这时，只有当更大声级到来时，该读数才会改变（升高），否则将保持，再按一下该键“HOLD”消失，分析仪又回到测量瞬时声级状态，再按一下该键“HOLD”又出现，可进行新的一次最大值测量。瞬时声级测量还可以利用动态条图观察声级变化。

（6）测量L_{eq}、L_{AE}、SD、L_{max}、L_{min}、L_N（L_{95}、L_{90}、L_{50}、L_{10}、L_5）等数据。

1）自动测量：分析仪工作在初始状态时，按［定时］键设置测量时间（10s、1min、5min、10min、15min、20min、1h、8h、24h），按［选择］键选择测量内容（L_{eq}、L_{AE}、SD、L_{max}、L_{min}、L_{95}、L_{90}、L_{50}、L_{10}、L_5），按［运行］键开始测量，到测量时间结束后，分析仪即显示所测内容。测量结束后也可按［选择］键查看数据。这时按［运行］键进行新的一次定时自动测量。

2）手动测量：分析仪工作在初始状态时，按［定时］键设置测量时间（Man），按［运行］后开始测量，到一定时间后再按［运行］键，分析仪即暂停测量并显示数据，此时可按［选择］键查看数据，这时的数据并不保存，如果按［运行］键，则继续测量，如果不按［运行］而按［输出］键，则显示SAVE，分析仪存储数据并结束本次测量。

（7）滤波器选频测量一般在线性计权下进行，即分析仪工作在初始状态时，按［计权］键选择线性，使显示Lin，然后按［频率］键，选择滤波器测量（中心频率分别为31.5Hz、63Hz、125Hz、250Hz、500Hz、1kHz、2kHz、4kHz、8kHz），此时显示的数据为对应频率点的声级值。

（8）整时24h自动测量分析仪工作在初始状态时，按［方式］键，显示“Regular”，表示24h整时测量，此时按［定时］键可以选择每个小时的测量时间（10s、1min、5min、10min、15min、20min、1h），按［运行］键后开始测量，每个小时计算一组数据，等到24组数据都采完后计算出L_{dn}、L_d、L_n并且存储所有数据。

（9）滤波器自动测量分析仪工作在初始状态时，按两次［方式］键，显示器下方显示所有频率点，表示滤波器自动测量，此时按［定时］键可以选择每个频率点的测量时间（10s、1min、5min、10min、15min、20min、1h），按［运行］键后开始测量，分析仪每测完一个点（包括滤波器自动测量时的线性，线性时显示所有频率字符，不显示频率字符下方对应的点），就计算出 L_{eq} 值，然后测量下一个频率点，全部测完后存储数据。

（10）清除测量数据按住［运行］键后，再按［复位］键，最后松开［运行］键，LCD 显示“CL1”，此时按［↑］键，LCD 右边分别显示“2、3、A、1”循环，右边为“1、2、3、A”时按［运行］键，则分别清除单组数据、整时测量数据、滤波器自动测量数据和所有测量数据。

（11）输出测量数据。

1）通过 LCD 查看测量数据，如果分析仪中没有存储测量数据，则操作后显示“NO”后退出。查看数据时都可以通过按［时钟］键查看数据测量的起始时间，整时测量的时间为开始测量的时间即第一组测量的起始时间，滤波器自动测量的时间为第一点即自动测量中线性测量的起始时间。

①查看单组数据按［输出］键和［↑］键，使显示 1—1，按［运行］键后显示组号，按［↑］可以选择组号，按［运行］后显示对应组号的数据，此时按［选择］可以查看数据，按［运行］则退出查看。如果要一次查看所有数据，则按［↑］选择组号时使显示 ALL，按［运行］后显示第一组数据，按［输出］后显示后面组数的数据，此时按［选择］可以查看数据，按［运行］则退出查看。

②查看整时测量数据按［输出］键和［↑］键，使显示 1—2，按［运行］键后显示组号，按［↑］可以选择组号，按［运行］后先显示 A 再显示数据，表示显示的是对应组号的整时测量的总数据；按［选择］键查看数据（包括 L_{dn}、L_d、L_n），再按［运行］键后先显示 1 再显示数据，表示显示的是对应组号的整时测量的第一组数据，依次类推可以查看所有整时测量的数据。

③查看滤波器自动测量数据按［输出］键和［↑］键，使显示 1—3，按［运行］键后显示组号，按［↑］可以选择组号，按［运行］后显示对应组号的数据，此时按［频率］键可以查看每个频率点的数据，按［运行］则退出查看。如果要一次查看所有数据，则按［↑］选择组号时使显示 ALL，按［运行］后显示第一组数据，按［输出］后显示后面组数的数据，此时按［选择］可以查看数据，按［运行］则退出查看。

2）用 HS4784 打印机打印测量数据，先通过串口把分析仪和 HS4784 连接起来（可以直接连接，也可通过打印电缆连接，打开 HS4784 打印机电源（打印机必须接有外接电源或事先充电），最后打开分析仪的电源。

①打印单组数据按［输出］键和［↑］键，使显示 2—1，按［运行］键后

显示组号，按［↑］可以选择组号，按［运行］后打印出对应组号的数据。如果要进行选择打印，按［↑］选择组号时使显示 S—E，按［运行］后显示 S1，表示起始组号为 1，按［↑］选择起始组号，按［运行］后显示 En，表示结束组号为 n，按［↑］选择结束组号，按［运行］后开始打印出所选择的数据。

②打印整时测量数据按［输出］键和［↑］键，使显示 2—2，其余操作如单组打印，但每次只能打印一组整时测量数据。

③打印滤波器自动测量数据按［输出］键和［↑］键，使显示 2—3，其余操作如单组打印。

3）测量数据传输给计算机处理先通过串口用打印电缆把分析仪和计算机连接起来，打开分析仪的电源，先在计算机上运行随分析仪所带的数据处理软件。

①传输单组数据按［输出］键和［↑］键，使显示 3—1，按［运行］键后传输数据。

②传输整时测量数据按［输出］键和［↑］键，使显示 3—2，按［运行］键后传输数据。

③传输滤波器自动测量数据按［输出］键和［↑］键，使显示 3—3，按［运行］键后传输数据。

附录 B　ND1000 手持式全频段电磁辐射检测仪

B.1　安全须知

请不要将设备（见附图 B-1）暴露在水中，否则会损坏敏感的电子系统。避免过高的温度，不要将设备放在散热设备旁边，或阳光直射的地方，特别是天热时，不要将其留在车上，暴晒下的车内温度过高，有可能损坏敏感的电子系统。设备灵敏度非常高，传感器、显示屏对冲击和震动很敏感，使用时请注意。

注：外接信号请勿施加大功率信号，否则容易永久性损坏电路。设备最大电压仅为 0. 2 V，超过 1V 的电压将损坏其高敏感的放大电路。

附图 B-1　ND1000 手持式全频段电磁辐射检测仪

B.2　类型选择

在菜单界面选中测量选项后短按“确认”键进入测量选项界面，通过上下方向键选择“类型选择”，短按“确认”键，即弹出设置对话框（射频探头与工频探头可设置的类型选择不同）。通过上下方向键选择要设定的值，最后短按“确认”键保存设置（见附图 B-2）。

可选时间测量设置后可设置“测量时间”“记录间隔”“平均类型”“平均间隔”和“采样模式”。

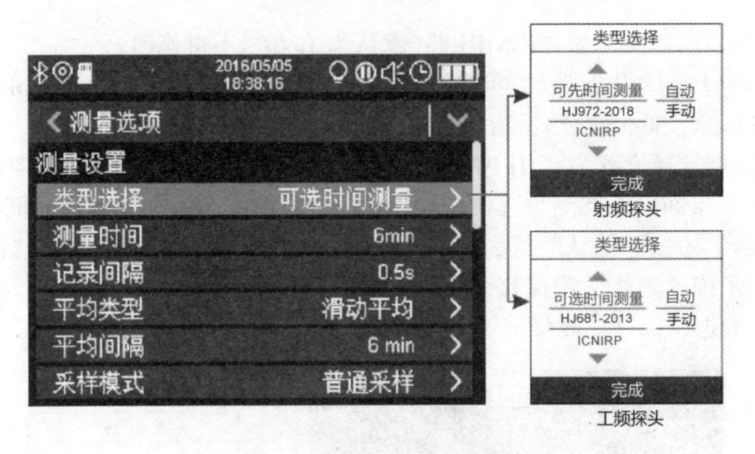

附图 B-2　类型选择设置界面

HJ 972—2018 设置后采样模式不可设置。HJ 681—2013 设置后采样模式不可设置，参数设置中的限值类型默认实时测量，不可更改。ICNIRP 表示国际标准，选中后参数只可设置采样模式。

HJ 972—2018 和 HJ 681—2013 手动与自动的区别：

手动时每个监测点连续测试 5 次，5 次测试都需要手动确认（下一次/重复该次/完成），每次测试过程中可短按“记录/停止”键，结束该次测量，5 次测试完成后需手动确认（重复该点/重复该次/完成/下一个点）。

自动时每个监测点连续测试 5 次，5 次测试自动完成，测试过程中可短按“记录/停止”键，弹出是否继续测量的弹窗，选择“否”会结束测量但不保存数据，5 次测试完成后需手动确认（重复该点/完成/下一个点）。

（1）测量时间。在测量选项设置界面通过上下方向键选择“测量时间”（见附图 B-3），短按“确认”键，即弹出设置对话框，通过上下方向键选择要设定的值，再短按“确认”键保存设置。测量时间即进行一次测量的完整时间。测量过程中，用户可以随时手动结束当前测量。“测量时间”可选择的类型有：

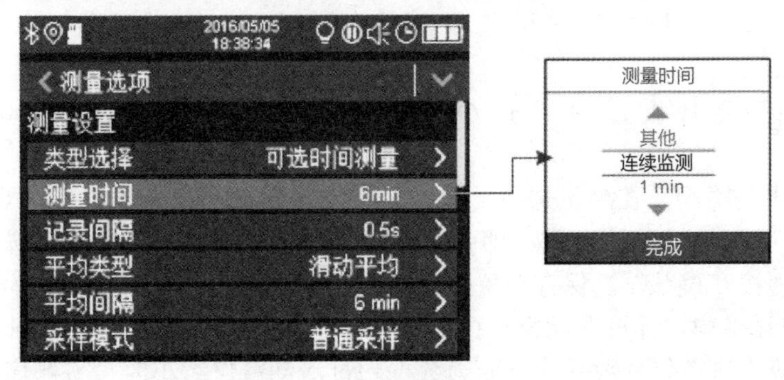

附图 B-3　测量时间设置界面

1）类型选择设置为“ICNIRP”：默认为1min，不可修改；

2）类型选择设置为“可选测量时间”：连续监测、1min、5min、6min、10min、15min、30min、1h、2h、其他（1s~30h）；

3）类型选择设置为“HJ 972—2018”：15s、20s、30s、其他（1s~30h）。

（2）记录间隔。在测量选项设置界面通过上下方向键选择“记录间隔”（见附图 B-4），短按“确认”键，即弹出设置对话框，通过上下方向键选择要设定的值，再短按“确认”键保存设置。测量开始后，每个“记录间隔”时间内将储存一个数据，保存在测量记录中。

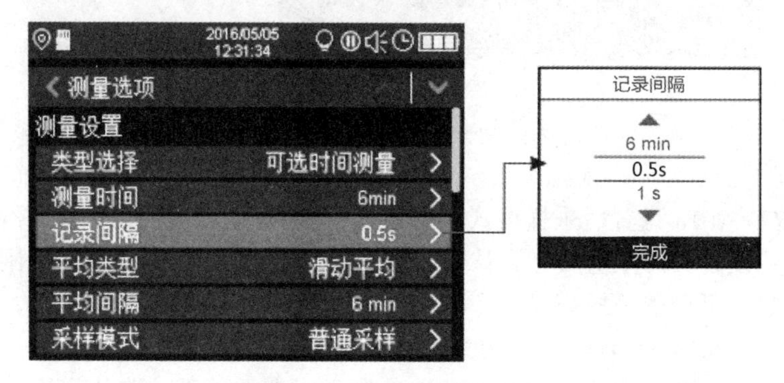

附图 B-4 记录间隔设置界面

当接入射频探头时：

1）类型选择设置为“ICNIRP”：默认为0.5s，不可修改；

2）类型选择设置为“可选测量时间”：0.5s、1s、5s、10s、15s、30s、1min、3min、6min；

3）类型选择设置为“HJ 972—2018”：0.5s、1s、5s、10s、15s、30s、1min、3min、6min。

当接入工频探头时：

1）类型选择设置为“ICNIRP”：默认为2s，不可修改；

2）类型选择设置为“可选测量时间”：2s、5s、10s、15s、30s、1min、3min、6min；

3）类型选择设置为“HJ 681—2013”：2s、5s、10s、15s、30s、1min、3min、6min。

（3）平均类型。在测量选项设置界面通过上下方向键选择“平均类型”（见附图 B-5），短按“确认”键，即弹出设置对话框，通过上下方向键选择要设定的值，再短按“确认”键保存设置。“平均类型”包括滑动平均与算术平均。

1）滑动平均：计算滑动窗口内数据的平均值，当数据个数没有到达窗口大小时，计算方法类似算数平均，而当数据超过滑动窗口大小时，按顺序移除旧数据，增加新数据求算移动的平均值。滑动窗口的大小和平均间隔设置相关；

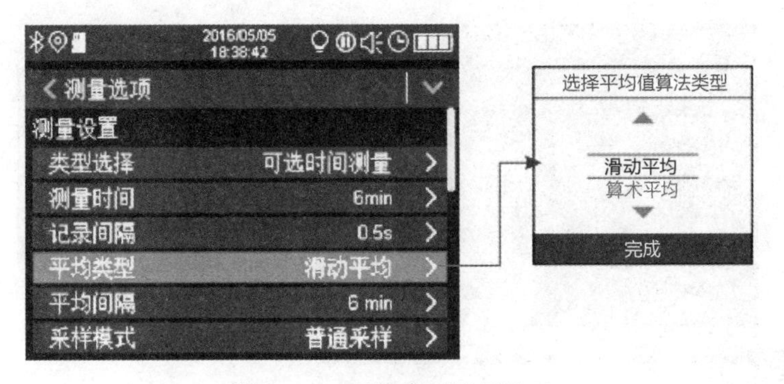

附图B-5 平均类型设置界面

2）算术平均：每隔“平均间隔”的时间，计算一次平均值。

（4）平均间隔。在测量选项设置界面通过上下方向键选择“平均间隔”（见附图B-6），短按“确认”键，即弹出设置对话框，通过上下方向键选择要设定的值，再短按“确认”键保存设置。平均间隔用于计算平均值的时间间隔。

注意：在算术平均计算方式下，若“平均间隔”大于“测量时间”时，测量数据将不计算平均值。

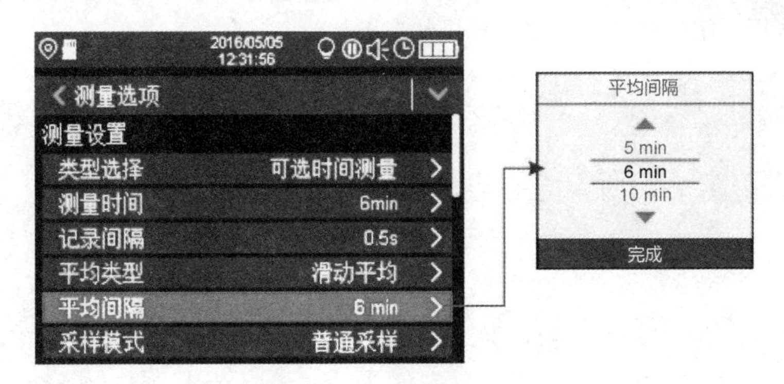

附图B-6 平均间隔设置界面

（5）采样模式。在测量选项设置界面通过上下方向键选择“采样模式”（见附图B-7），短按“确认”键，即弹出设置对话框，通过上下方向键选择要设定的值，再短按“确认”键保存设置。当类型选择设置为“ICNIRP”或“可选测量时间”时能够切换采样模式。连上工频探头且参数设置—谱图类型中设置为频域模式时，采样模式默认为普通采样。采样模式包括普通采样与空间采样。

1）普通采样：以时间为单位的测量，即在一个地方进行“测量时间”内的测量，得到最终数据。

2）空间采样：以空间为单位的测量，测量得到N个地点的数据和柱形图，该模式的最终数据就是这N个地点的数据的平均值（选择“空间采样模式”时，

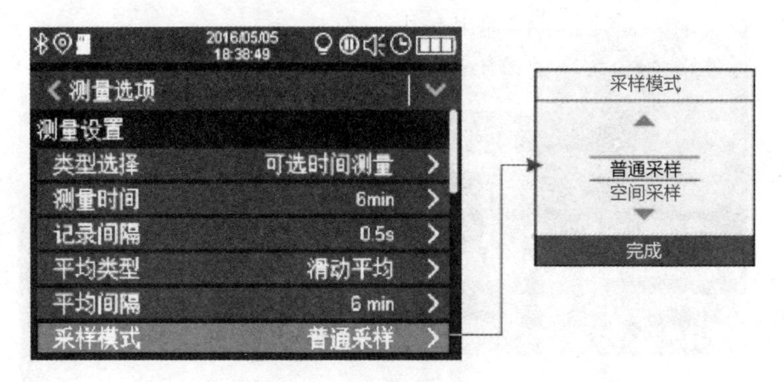

附图 B-7　采样模式设置界面

“记录间隔”“平均类型”和“平均间隔”灰显，不可修改)。

B.3　高级选项

(1) 定时测量。在测量选项设置界面通过上下方向键选择“定时测量”(见附图 B-8)，短按“确认”键，进入定时测量数据界面，通过上下方向键选择“⊕”按钮，新建定时测量设置；选择“×”后短按“确认”键即可清除此条定时测量数据。定时测量只在仪表开机状态下执行。

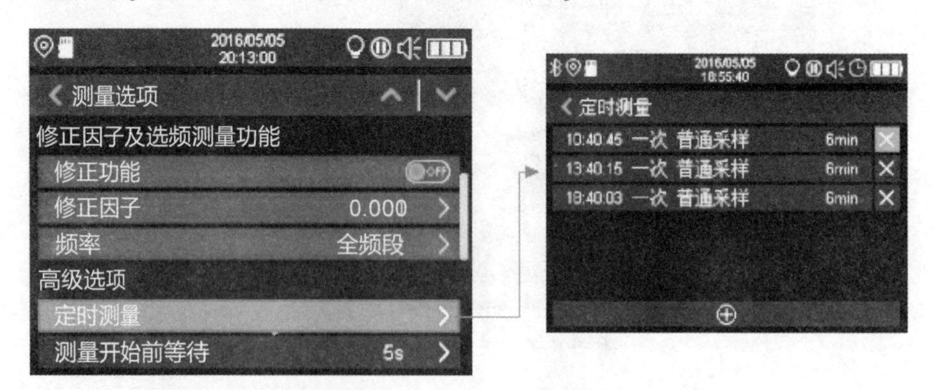

附图 B-8　定时测量设置界面

接入工频探头时，定时测量任务需要返回到测量选项界面后数据才能保存，定时测量才会生效。

类型选择设置为“HJ 972—2018”和“HJ 681—2013”时，默认无定时测量功能。参数设置中的“限值类型”设置为实时测量时才能开启定时测量。

(2) 新建定时测量。在定时测量数据界面通过上下方向键选择“⊕”按钮，短按“确认”键，弹出新建定时测量窗口（见附图 B-9)，可通过上下方向键选择需要设置的参数后，短按“确认”键，弹出设置对话框，设置完成后短按

“确认”键，在短按“确认”键弹出是否保存定时测量数据的提示框，通过左右方向键选择后短按“确认”键退出。

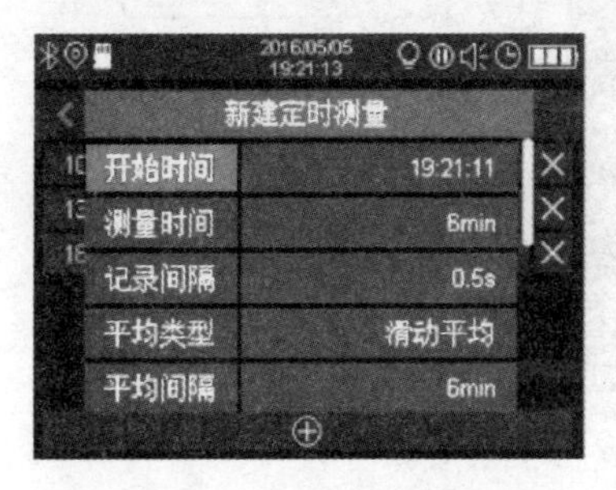

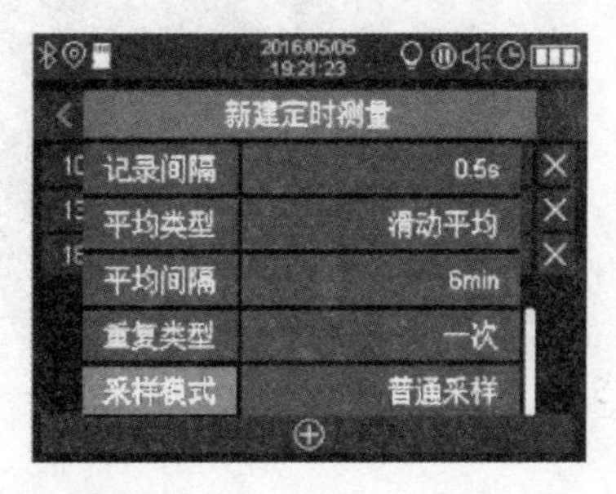

附图 B-9　新建定时测量窗口

其中重复类型选项包括：

1）一次：设置“一次”定时，执行测量操作后将自动删除该项定时，若在关机状态未执行，则仍保留；

2）每天：设置“每天”定时，则每天该时刻都会进行测量，只能手动删除或更改循环次数。

（3）修改定时测量。在定时测量数据界面通过上下方向键选择需要修改的数据后，短按“确认”键，弹出修改定时测量窗口（见附图 B-10），修改方法同新建定时测量。

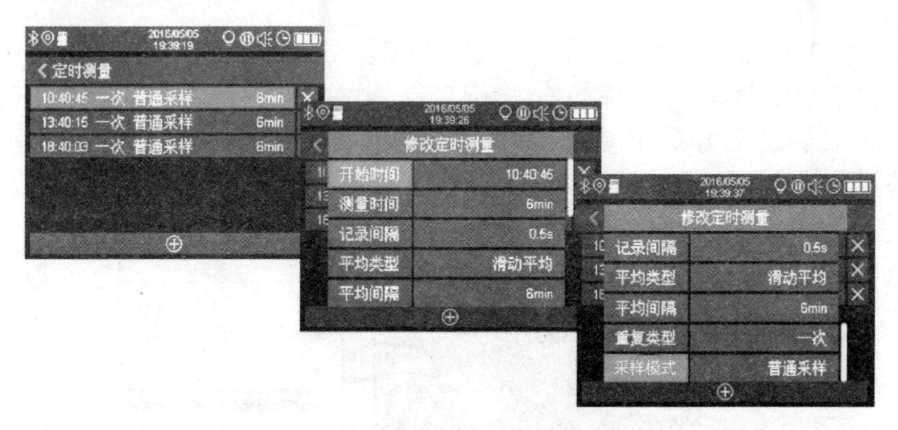

附图 B-10　修改定时测量窗口

（4）测量开始前等待。在测量选项设置界面通过上下方向键选择“测量开始前等待”，再短按“确认”键，即弹出设置对话框（见附图 B-11），通过上下方向键选择要设定的值，最后短按“确认”键保存设置。

当测量选项界面参数后显示“OFF”时，说明该项参数只有开关两种模式，

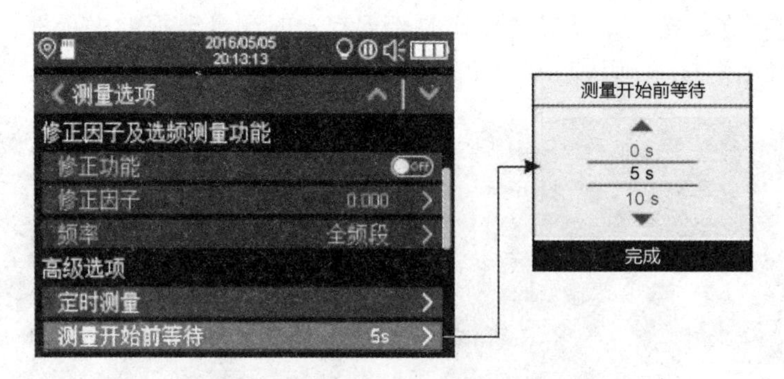

附图 B-11　测量开始前等待设置界面

在选择对应参数后，短按“确认”键即打开此参数功能并保存，当显示“ON”时，短按“确认”键即关闭此功能参数并保存。

测量结束自动关机—开启：测量结束后弹出对话框提示即将关机，短按“返回”键可放弃关机，否则蜂鸣器短鸣一次后关机。

保存最后屏幕截图—开启：自动测量结束或手动按“记录/停止”键测量结束将自动截屏且保存于 TF 卡中，此截图文件可在文件管理—测量记录—测量截图中查看（未插 TF 卡时保存于仪表中）。

B.4　告警设置

当测量选项—告警设置—告警开启选项后面显示“ON”，“电场限值”和“磁场限值”参数为可编辑，选中后短按“确认”键，在弹出的对话框中完成电场限值和磁场限值设置。若电场数值或磁场数值超出限值，告警图标显现，且蜂鸣器持续报警，直到数值低于限值或关闭该功能（当接入射频探头时，告警开启选项设置为开启后，磁场限值灰显，不能设置）。告警开启设置界面如附图 B-12 所示。

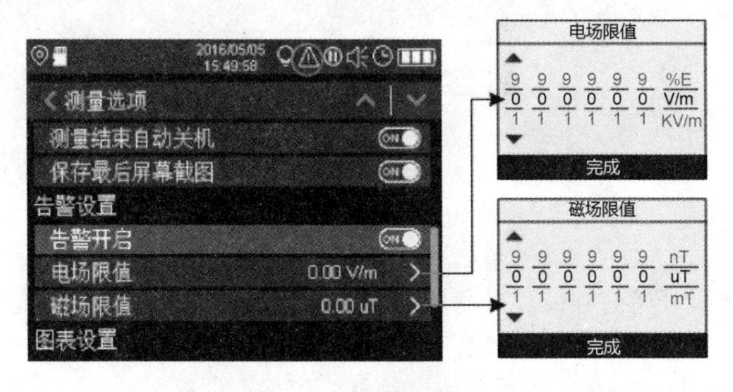

附图 B-12　告警开启设置界面

B.5　图表设置

（1）零起点图表。当测量选项—图表设置—零起点图标后面显示“ON”时，代表开启零起点功能，在时域和单频点模式下，手持表的测量主界面，谱图坐标横向为时间，纵向为场强值。零起点图表设置界面如附图B-13所示。

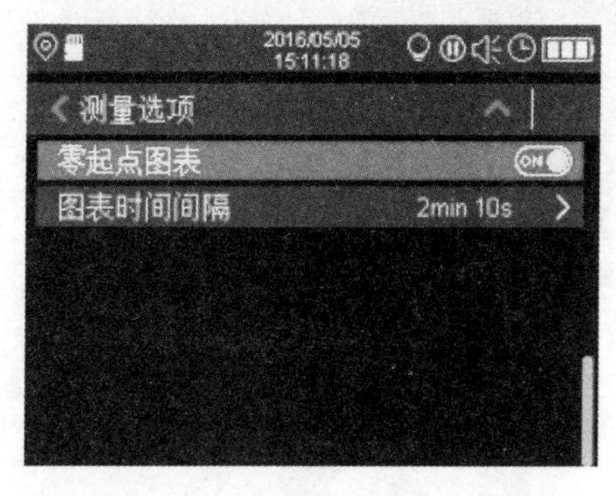

附图B-13　零起点图表设置界面

需要注意“ON”“OFF”标识：

ON：开启零起点功能，纵向坐标则以“0”作为开始点；

OFF：关闭零起点功能，纵向坐标则以“当前所测场强的最小值”作为起点。

（2）图表时间容量。在测量选项界面通过上下方向键选择“图表时间容量”，再短按“确认”键，即弹出设置对话框，通过上下方向键选择要设定的值，再短按“确认”键保存设置。图表时间间隔用于设置横向坐标，时间间隔越短，在仪表上显示的波形越少，波形越清晰。

B.6　文件管理

在菜单界面通过方向键选中“文件管理”后，短按“确认”键进入文件管理界面（见附图B-14）。注：安插TF卡时，文件默认保存在TF卡中，否则保存在仪表中。

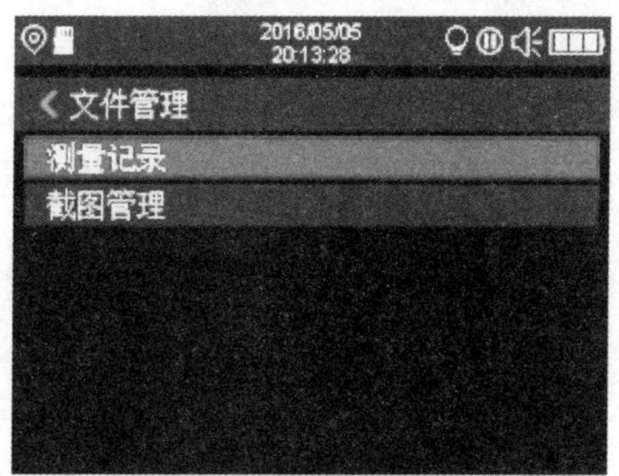

附图B-14　文件管理界面

参考文献

[1] 陈杰瑢. 物理性污染控制［M］. 3版. 北京：高等教育出版社，2007.

[2] 郭婷，陈建荣，王方园. 环境物理性污染控制实验教程［M］. 武汉：武汉大学出版社，2014.

[3] 宋小飞，张金莲. 物理性污染控制实验教程［M］. 广州：华南理工大学出版社，2019.

[4] HJ 2.4—2009，环境影响评价技术导则-声环境［S］.

[5] GB 3096—2008，声环境质量标准［S］.

[6] GB 12348—2008，工业企业厂界噪声标准［S］.

[7] GB 12523—2011，建筑施工场界环境噪声排放标准［S］.

[8] GB 12349—1990，工业企业厂界噪声标准测量方法［S］.

[9] GB 8702—2014，电磁环境控制限值［S］.

[10] HJ 552—2010，建设项目竣工环境保护验收技术规范-公路［S］.

[11] HJ/T 10.2—1996，辐射环境保护管理导则-电磁辐射监测仪器和方法［S］.